기초
일반화학

김명철 저

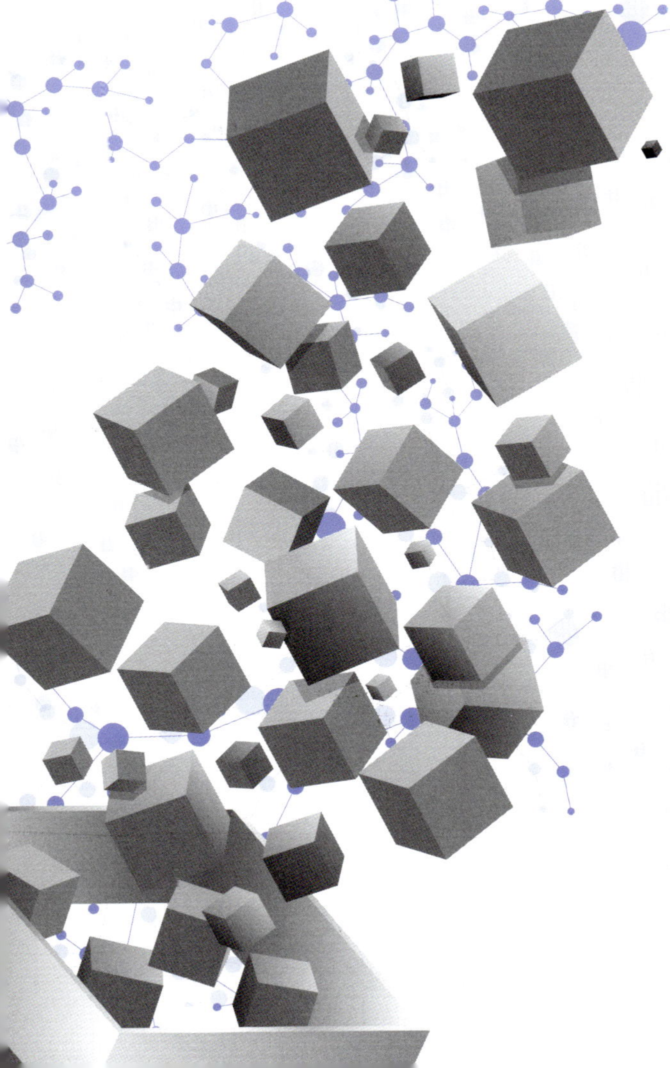

도서출판 동화기술

앎의 내면이 얕기만 한 제게 또 한 권의 책을 출간하게 하신 하나님께 감사를 올린다.

화학이라는 학문의 기초가 일반화학인데 기초일반화학은 범주의 설정부터 쉽지 않다. 다만, 간결하면서도 폭넓은 영역을 가장 쉽게 말하고 싶다는 욕망이 저술의 최우선 동기이자 목표이다. 이를 위해 서술의 방법과 깊이는 화학의 기초가 전혀 없는 독자들을 대상으로 하였다. 본문 내 197개의 각주들이 이런 목적을 이루는데 보조수단이 되어주길 바라는 마음도 있다.

전체적인 구성은 대학교재로서의 용도를 생각하여 13개의 장으로 구성하였다. 학술용어는 대부분 영어명을 병기하였으며 물질명은 IUPAC와 대한화학회의 기준을 따랐다. 일부 독자들에게는 소듐과 나트륨 또는 뷰테인과 부탄 사이에서 여전히 거리감이 있을 것 같다는 저자로서의 기우도 있다.

초판본이 가지는 막연한 불안감이 내내 마음을 누른다. 그러나 한편으로는 정말 손에 꼭 잡히는 기초화학책이라는 평가를 듣고 싶다는 바람도 있다. 그러기에 독자들로부터 애정 어린 비평과 조언을 구하는 마음 또한 크다.

여러 형태의 어려운 사회적 여건 가운데서도 책의 출간을 흔쾌히 허락해주신 도서출판 동화기술의 정우용 회장님께 마음 깊은 감사를 드리며, 그림과 문서작업에 수고하신 편집위원님들께도 감사를 드린다.

부호리에서

저자 김명철

목차

CHAPTER 3

주기율표

CHAPTER 4

화학결합과 분자의 모양

CHAPTER 5 물질의 이름

CHAPTER 6 기체

CHAPTER 9

화학평형

CHAPTER 10

산과 염기

CHAPTER 11

산화와 환원

CHAPTER 12 화학반응의 종류와 속도

CHAPTER 13 화학반응과 에너지

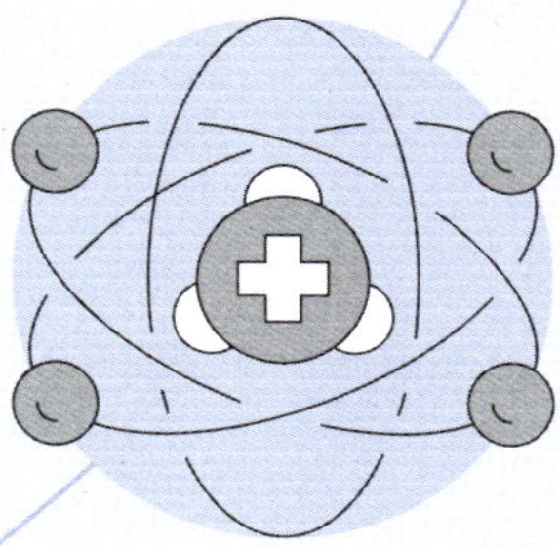

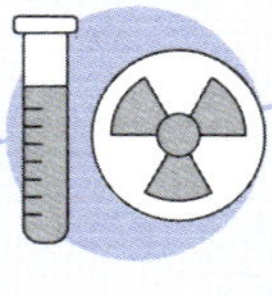

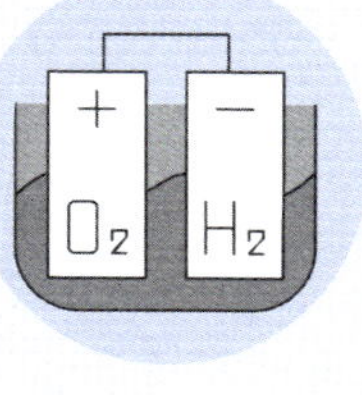
+ −
O_2 H_2

Chapter 1

물질의 구성과 물질량

1-1 화학이란

화학은 물질의 변화를 연구하는 학문이다. 어떤 물질이 무엇으로 바뀌며, 얼마나 빠르게 변화하는지, 그리고 그 과정에 영향을 주는 요소들은 무엇인지를 살펴보는 학문이다. 여기에는 다양한 용어들과 물리량을 규정하는 공식적인 명칭과 단위가 사용된다.

1-2 원자, 분자, 이온

물질을 구성하는 기본적인 단위는 분자(molecule)이다. 그러나 또 다른 관점에서는 원자(atom)라고도 할 수 있다. 분자는 물질이 가진 고유한 성질을 유지한 상태에서의 가장 작은 입자이나, 물질을 더 작게 쪼갤 수 없는 단계까지 쪼개는 경우에서는 원자만이 남기 때문이다. 그러므로 원자는 물리적인 크기만으로는 가장 작은 입자이긴 하나 이미 특정 분자가 가지는 그 특별한 성질은 가지지 않는다.

표 1-1 이온들의 종류

양이온(cation)		음이온(anion)	
H^+	수소이온(hydrogen ion, proton)	H^-	수소음이온(hydride ion)
Na^+	소듐이온(sodium ion)	O^{2-}	산소이온(oxide ion)
K^+	포타슘이온(potassium ion)	N^{3-}	질소이온(nitride ion)
Ca^{2+}	칼슘이온(calcium ion)	F^-	불소이온(fluoride ion)
Al^{3+}	알루미늄이온(aluminium ion)	NO_3^-	질산이온(nitrate ion)
H_3O^+	히드로늄이온(hydronium ion)	SO_4^{2-}	황산이온(sulfate ion)
NH_4^+	암모늄이온(ammonium ion)	MnO_4^-	과망간산이온(permanganate ion)

이온은 전기적으로 중성이 아닌 물질이며 원자 또는 원자들이 몇 개 모여 있는 원자단(atomic group)으로 구성된다. 양전하를 가지는 이온은 양이온(cation)이고 음전하를 띠면 음이온(anion)이다. 특히 원자 한 개로 구성된 이온은 단원자이온(uniatomic ion)이고 두 개 이상의 원자들로 구성된 원자단의 경우는 다원자이온(polyatomic ion)이다.

1-3 물질의 분류

물질은 구성 성분에 따라 다양한 형태로 존재한다. 전체가 한 종류의 성분으로만 이루어져 있는 순물질(pure substance)과 두 종류 이상이 섞여 있는 혼합물(mixture)이 있다.

순물질은 구성 성분에 따라서 크게 세 가지 형태가 있다. 즉, 원자 한 개가 분자 역할을 하는 단원자분자(uniatomic molecule), 두 개 이상의 원자로 이루어져 있으나 그 원자의 종류가 모두 동일한 종류인 단체(elements), 두 종류 이상의 원자들이 결합되어 있는 화합물(compound)이다. 일반적으로는 화합물이 가장 흔한 형태이지만 단원자분자와 단체 형태로 존재하는 물질들도 있다. 단원자분자는 불활성기체(noble gas)라고 불리는 헬륨(He), 네온(Ne), 아르곤(Ar) 크립톤(Kr), 제논(Xe), 라돈(Rn)의 여섯 개 원자들이다. 그리고 단체는 산소 기체(O_2), 질소 기체(N_2), 오존(O_3), 인(P_4), 황(S_8) 등이 대표적인 예이다. 화합물은 물(H_2O), 이산화탄소(CO_2), 메테인(CH_4), 황산(H_2SO_4) 등을 예로 들 수 있으며 대부분의 순물질이 이런 형태로 존재한다. 혼합물은 순물질이 두 종류 이상 섞여 있는 상태의 물질이다. 그 중 균일혼합물(homogeneous mixture)은 물질 내부에 혼합되어있는 순물질들의 조성이 공간적 위치와 무관하게 일정한 것이며, 그렇지 않은 경우는 불균일혼합물(heterogeneous mixture)이다. 공기는 산소 기체와 질소 기체 등이 골고루 잘 섞여 있는 균일혼합물이다. 그러나 흙 입자의 분포가 공간적 위치에 따라 다른 상태로 존재하는 흙탕물은 불균일혼합물이다.

1-4 물질의 상

물질들은 그 구성 성분과 무관하게 온도와 압력에 따라서 고체(solid), 액체(liquid), 기체(gas)의 세 가지 상태로 존재한다. 만약 압력이 같다면 물질들은 온도 증가에 따라 고체에서 액체로, 액체에서 기체로 변하는 일반적인 경향을 나타낸다. 그러나 온도가 같은 조건이라면 압력의 증가에 따라 기체는 액체 또는 고체로 바뀌게 된다.

물질이 특정 온도와 압력에 따라 존재하게 되는 세 가지 상태를 상(phase)이라고 한다. 기체상(gas phase)은 단위 공간 내 물질의 양이 가장 적게 분포하므로 다른 상에 비해 물질의 밀도가 가장 낮은 상이다. 따라서 물질 분자 간 거리가 멀고 분자들 사이의 힘도 거의 작용하지 않는다. 이로 인해 기체상은 외형의 변화가 쉽고 압력의 작은 변화에도 압축과 팽창이 용이하다.

그러나 액체상과 고체상은 담긴 용기의 형태에 따른 외형 변화의 여부 이외는 상의 특성이 서로 간 매우 유사하다. 공통적으로 기체상에 비해 밀도가 상대적으로 높고 물질 내 분자들의 분포가 더 좁혀지지 않을 정도로 이미 가까이 밀집된 상태이다. 따라서 외부로부터의 압력 변화 또는 온도 변화에 대한 물질 자체의 부피 변화가 거의 없다.

온도 또는 압력의 변화에 따라 한 가지 상이 다른 상으로 바뀌는 것을 상전이(phase transition)라고 한다. 압력이 일정할 경우 고체상 물질은 온도 상승에 따라 액체상으로(융해, fusion), 액체상은 기체상으로(증발, vapourization) 변한다. 그 밖에도 상전이는 물체의 온도 변화에 따라 기체상이 액체상으로(응축, condensation), 액체상이 고체상으로(응고, freezing), 기체상이 고체상으로(승화, sublimation), 고체상이 기체상으로(승화, sublimation) 변할 수 있다. 상전이의 경계 지점을 구성하는 특정 온도들과 압력들에서는 두 개의 상이 공존할 수 있으며, 예로서 대기압 아래에서 0℃의 경우 물(H_2O)이 액체 상태의 물과 고체 상태의 얼음으로 동시에 존재하는 것을 들 수 있다. 또한 물질마다 특별한 온도와 압력에서는 세 가지 상이 동시에 존재할 수 있는데, 이를 삼중점(triple point)이라고 한다.

상평형도는 압력과 온도의 크기에 따른 물질상의 종류를 보여주는 도표이다. 온도가 상대적으로 낮고 압력은 상대적으로 높은 쪽이라 할 수 있는 왼쪽은 고체상이며, 그 반대편인 오른쪽은 온도가 상대적으로 높고 압력은 상대적으로 낮아서 기체상이다. 그리고 그 가운데 부분에는 액체상이 있다. 물의 상평형도는 다른 대부분의 물질들과는 달리 고－액 평형선의 기울기가 음의 값을 나타낸다. 이것은 상대적으로 넓은 온도 구간에서 물이라는 액체 상태로 존재함을 보여주는 것이며 물이 가진 큰 수소결합에 의한 결과이다.

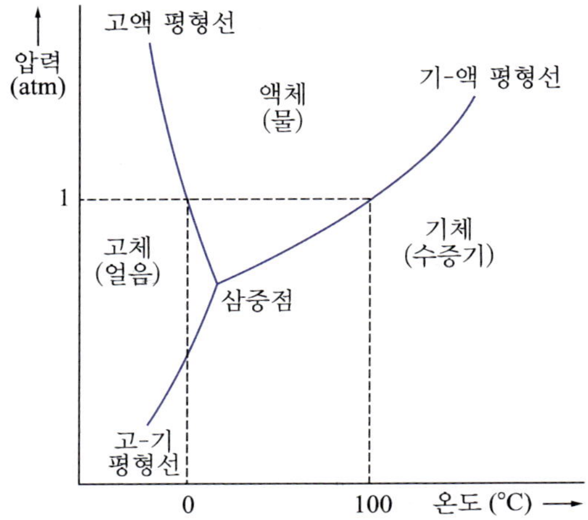

그림 1-1 상평형도

물체의 온도는 일반적으로 가열에 의해 상승한다. 그러나 상전이 시에는 외부로부터 에너지의 유입이 있어도 물체의 온도 변화가 없다. 그것은 물체에 유입된 에너지가 상전이에 필요한 에너지로만 사용되었기 때문이다. 따라서 상을 변화시키는 데에는 작용

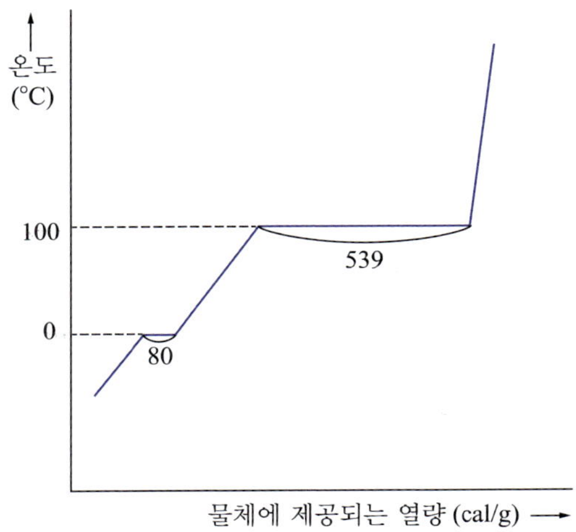

그림 1-2 물의 가열곡선

하지만 물체의 외적인 온도 변화로는 나타나지 않는 열량을 상전이열(heat of phase transition) 또는 잠열(latent heat)이라고 한다. 이와는 달리 물체를 가열했을 때 물체의 온도를 상승시키는 에너지를 현열(sensible heat)이라 한다. 대표적인 상전이열로서는 물의 융해열과 증발열을 들 수 있으며, 각각 80 cal/g과 539 cal/g이다. 물에 제공되는 열량과 물 온도의 상관성을 보여주는 가열곡선의 경우 수평선(기울기가 0인)을 나타내는 부분이 상전이열이며, 그 길이는 곧 상전이열의 크기를 나타낸다.

1-5 화학식과 화학반응식

원자들의 종류를 구분하기 위한 표식은 원소기호(atomic symbol)이고 분자들을 구분하는 표현은 화학식(chemical formula)이다. 화학식은 분자를 구성하는 원자들의 종류와 결합에 관한 여러 가지 정보를 보여준다.

1-5-1 화학식

화학식은 표현 방법에 따라서 실험식(empirical formula), 분자식(molecular formula), 시성식(rational formula), 구조식(structural formula)으로 구분한다.

실험식은 실험적인 결과로부터 얻어진 정보를 표현한 화학식이며 분자를 구성하는 원소(element)[1)]들의 종류와 그 상대적인 개수비(numerical ratio)만을 나타낸다. 분자식은 가장 보편적으로 사용되는 화학식이며 분자를 구성하는 원소들의 종류와 각 원소들의 실제 개수를 나타낸다. 시성식은 분자식의 정보에 덧붙여 분자 내 원자 또는 원자단(atomic group)[2)]들의 결합 순서도 표현한다. 구조식은 분자를 구성하는 원소들의 종류

1) 원자들의 종류를 나타내는 용어, 원자와 동일한 의미

와 실제 개수 및 원소들의 결합상태를 나타낸다. 예로서 탄소(C) 원자 두 개와 수소(H) 원자 두 개로 이루어진 아세틸렌 분자의 경우, 실험식은 CH, 분자식은 C_2H_2, 시성식은 HCCH, 구조식은 $H-C\equiv C-H$이다. 여기서 실험식과 분자식은 그 표현 방법이 쉽게 이해가 되지만, 시성식과 구조식은 아직 이해하기 어렵다. 이것은 앞으로 분자 내 결합에 관한 부분에서 다시 살펴보기로 하자.

1-5-2 화학반응식과 반응식의 균형 맞추기

화학반응식(chemical equation)은 화학반응이 진행되는 과정을 물질들의 변화를 통해 나타낸 것이다. 여기에는 반응의 진행 방향을 나타내는 화살표를 중심으로 반응 초기에 존재하는 물질인 반응물(reactant)은 왼쪽에, 반응의 결과로 생겨난 물질인 생성물(product)은 오른쪽에 두고 각각을 분자식의 형태로 표현한다. 또한 화학반응식에는 반응에 참여하는 물질들의 개수도 나타내어야 하는데, 반응물에 존재하는 모든 원자들은 반드시 동일한 개수가 생성물에도 있어야 한다는 질량보존의 법칙(The law of conservation of mass)[3]이 적용된다. 화학반응식에서 분자들 앞에 있는 숫자는 그 분자의 실제 개수를 의미하지만 때로는 몰(mol)수를 나타낸다.

질량보존의 법칙을 적용하여 반응식의 좌우 균형을 맞추는 것을 '화학반응식의 균형 맞추기' 또는 '화학반응식을 완성하기'라고 한다.

예제 1-1) 공기 중에서 뷰테인(C_4H_{10})[4] 가스의 연소반응을 화학반응식으로 나타내시오.

풀이) 실온에서 기체 상태인 뷰테인의 공기 중 연소반응은 공기 중의 산소(O_2) 기체와 반응하여 이산화탄소(CO_2)와 수증기(H_2O)를 생성하는 형태이며 반응의 골격은 다음과 같다.

$$C_4H_{10}\,(g) + O_2\,(g) \rightarrow CO_2\,(g) + H_2O\,(g)$$

---

2) 두 개 이상의 원자들이 모인 덩어리

3) 화학반응의 전후를 통해 질량이 저절로 증가하거나 소멸되지 않으므로 반응물과 생성물의 원자들은 그 종류와 개수가 보존된다.

4) 관습명은 부탄이다.

여기서 (g)는 기체 상태를 나타내는 표식이다. 이에 대해 반응식의 균형 맞추기를 적용해보자. 먼저 반응물 내 전체 탄소 원자(C)는 4개이고, 수소 원자(H)는 10개이다. 따라서 생성물 내에서 탄소를 포함하는 이산화탄소 분자(CO_2)의 개수는 4개가 되어야 하고, 수소를 포함하는 수증기 분자(H_2O)는 5개가 되어야 한다. 왜냐하면 수증기 분자 내 수소 원자는 H가 아니라 수소 원자가 두 개 있는 H_2의 형태이기 때문이다.

C_4H_{10} (g) + O_2 (g) → $4CO_2$ (g) + $5H_2O$ (g)

이제 생성물 분자들의 개수가 모두 결정되었으므로 생성물 분자들 속에 있는 산소 원자들의 전체 개수를 이용하여 반응물 분자인 산소분자(O_2)의 개수를 결정해야 한다. 생성물 내 산소 원자(O)는 13개이므로, 질량보존의 법칙에 따라 반응물 속 산소 원자들의 총 개수도 13개가 되어야 한다. 그러므로 반응물 내 산소 분자(O_2)의 개수는 13/2이다. 그러나 화학반응식 내 물질 분자들의 개수는 모두 정수이어야 하므로 전체 식을 두 배 곱하여 다음과 같이 완성한다.

정답) $2C_4H_{10}$ (g) + $13O_2$ (g) → $8CO_2$ (g) + $10H_2O$ (g)

1-6 물질의 양

물질에 대한 바른 이해와 취급을 위해서는 그 성분의 확인과 함께 양적인 부분도 정확하게 평가해야 한다. 물질의 양은 일반적으로 개수, 부피, 무게 등 여러 종류의 물리량으로 표현하지만 물질의 단위에 따라 원자량, 분자량, 몰질량 등으로 구분한다.

1-6-1 원자량

원자량(atomic weight)은 원자 한 개의 무게이다. 원자의 실제 크기는 광학적 도구를 통해서도 확인이 어려운 영역(10^{-10} m 정도)의 것이어서 무게도 현실적인 질량 단위로는 표현하기 불편하다. 따라서 원자들의 질량은 탄소(carbon, C) 원자를 12로 정한 기준에 대해 상대적인 무게 비율(weight ratio)로 결정한다. 원자들의 이 질량 단위가 원자질량단위(atomic mass unit, amu)이다. 예로서 산소(oxygen, O) 원자는 16 amu, 수소(hydrogen, H) 원자는 1 amu, 질소(nitrogen, N) 원자는 14 amu, 황(sulfur, S) 원자는 32 amu이다.

1-6-2 분자량

분자량(molecular weight)은 원자질량단위로 표현되는 분자 한 개의 무게이다. 분자량은 분자를 구성하는 원자들의 무게를 합한 것이며 화학식의 무게를 나타내므로 화학식량(chemical formula weight)이라 말하기도 한다. 예로서 산소 분자(O_2)는 32 amu, 물(H_2O)은 18 amu, 이산화탄소(CO_2)는 44 amu, 황산(H_2SO_4)은 98 amu이다.

1-6-3 몰과 몰질량

몰(mole, mol)은 특정 개수를 나타내는 단위로서 6.02×10^{23}개를 가리킨다. 이 개수는 아보가드로 개수(Avogadro's number, N_A)라고도 말하며 원자 또는 분자들의 개수를 표현하는데 많이 사용한다. 예를 들어, 0.5몰(mol)의 물 분자는 약 3×10^{23}개의 물 분자를 의미한다.

몰질량(molar mass)은 1몰(mol)개의 물질이 가지는 무게이다. 그런데 원자 혹은 분자들의 몰질량은 그 단위가 g (그램)으로서 원자량 또는 분자량과 수치는 동일하다.

예로서 물(H_2O) 1몰은 18 g이며, 0.5몰의 산소 기체(O_2)는 16 g이다. 그러므로 원자 한 개 혹은 분자 한 개를 의미하는 원자량 또는 분자량은 그 단위가 amu이지만, 원자 또는 분자의 1몰 개를 의미하는 몰질량은 단위가 g일뿐 원자량 또는 분자량과 숫자는 동일하다.

예제 1-2) 11 g의 드라이아이스는 몇 개의 이산화탄소 분자로 이루어져 있는가?

풀이) 드라이아이스는 고체 상태의 이산화탄소(CO_2)이므로 분자량이 44 amu이고, 몰질량 또한 44 g이다. 결국 11 g의 드라이아이스는 0.25몰(mol) 또는 1.5×10^{23}개이다.

정답) 0.25몰 또는 1.5×10^{23}개

예제 1-3) 탄소와 수소로만 구성된 어떤 탄화수소를 공기 중에서 완전히 연소시켰더니 88.08 g의 이산화탄소(CO_2)와 48.05 g의 수증기(H_2O)가 생성되었다. 이 탄화수소의 실험식은?

풀이) 먼저 이산화탄소 내 탄소(C)의 무게와 수증기 내 수소(H)의 무게를 계산한다.

C의 무게(g) = $88.08 \times C/CO_2 = 88.08 \times 12/44 = 24.02$ g
H의 무게(g) = $48.05 \times H_2/H_2O = 48.05 \times 2/18 = 5.333$ g

이를 통해 탄소와 수소의 몰수(개수)를 계산하면,

C의 몰(mol)수 = 24.02 g ÷ 12 g = 2.00 mol
H의 몰(mol)수 = 5.333 g ÷ 1 g = 5.33 mol

그러므로 탄화수소(C_xH_y)의 실험식은,
$C_xH_y = C_{2.000}H_{5.333} = C_3H_8$

정답) C_3H_8

1-7 S.I 단위계

S.I 단위계(System of International units)는 단순히 미터법이라고 부르기도 하는 국제적으로 표준화된 단위계이다. 이것은 길이, 질량, 시간 등의 가장 기본이 되는 7가지 기본단위(fundamental unit)와 두 개 이상의 기본단위를 서로 조합한 유도단위(derived unit)로 구성되어 있다.

1-7-1 기본단위

기본단위는 길이(length, l), 질량(mass, m), 시간(time, t), 온도(temperature, T), 물질량(amount of material, n), 전류(electric current, I), 광도(intensity of light, I_c)의 7가지 물리량이다.

길이(length, l)는 실제 단위가 미터(meter)로서 m으로 표기한다. 질량의 국제표준단위는 킬로그램이며 kg으로 나타낸다. 시간은 초(second)가 기준 단위이며 sec 혹은 s로 표기한다. 온도는 절대온도(absolute temperature)가 기준이며 K로 표기한다. 절대온도(K)는 섭씨온도(Celsius temperature,℃)와 화씨온도(Fahrenheit temperature, °F) 사이에 다음과 같은 상관관계가 있다.

$$℃ = K + 273.15 \quad \text{식(1-1)}$$

$$°F = \frac{9}{5}℃ + 32 \quad \text{식(1-2)}$$

물질량은 몰(mol)이 표준단위이며, 상징적 기호로 사용되는 n은 몰수를 의미한다. 전류는 표준단위가 암페어(ampere, A)이고, 빛의 밝기를 의미하는 광도는 칸델라(cd)가 그 단위이다.

1-7-2 유도단위

유도단위는 두 개 이상의 기본단위들을 서로 곱하거나 나누는 방법으로 조합시킨 응용단위들이다. 그러므로 면적, 부피, 속도, 가속도, 힘, 압력, 에너지 등의 일반적인 단위들이 대부분 여기에 속한다.

면적(area, A)은 길이와 길이의 곱으로 구성되므로 단위는 m^2이다. 마찬가지로 부피(volume, V)는 길이를 세 번 곱한 물리량이므로 단위가 m^3이며, 속도는 길이를 시간으로 나눈 것이므로 m/s (또는 $m \cdot s^{-1}$)가 그 단위이다. 가속도(acceleration, a)는 길이를 시간의 제곱으로 나눈 물리량이므로 m/s^2 (또는 $m \cdot sec^{-2}$)이 단위이다.

힘(force, F)은 질량 곱하기 가속도이므로 그 단위는 $kg \cdot m \cdot sec^{-2}$인데, 이 단위를 N (Newton, 뉴턴)이라고 한다.

압력(pressure, P)은 단위 면적에 누르는 힘의 크기를 의미하는 물리량이므로, 힘을 면적으로 나누는 단위를 가진다. 이는 $kg \cdot m/sec^2 \cdot m^2$이며, 약분하고 정리하면 $kg/sec^2 \cdot m$이 된다. 이 단위가 압력의 표준 단위인 Pa (Pascal, 파스칼)이다.

에너지(energy)는 질량에 속도의 제곱을 곱한 물리량이므로 그 단위는 실제적으로 $kg \cdot m^2 \cdot s^{-2}$이며, 이를 J (Joule, 줄)이라고 한다.

예제 1-4) 압력(P)과 부피(V)를 곱하면 어떤 물리량이 되는가?

풀이) 압력($kg/sec^2 \cdot m$)과 부피(m^3)를 곱하면 다음과 같다.

$$kg/sec^2 \cdot m \times m^3 = kg \cdot m^2 \cdot sec^{-2}$$

따라서 이것은 에너지 단위인 J과 동일하다.

정답) 에너지(J)

1-8 측정치

물질의 상태와 양을 표현하기 위해 측정한 결과가 측정치이다. 이것들은 정확성(accuracy)과 정밀성(precision)이 높아야 한다. 정확성은 측정치가 참값에 얼마나 가까운가를 나타내며, 정밀성은 측정치 사이의 반복적인 재현성을 나타낸다. 특히 SI단위로 나타내는 측정치들은 그 크기를 표현할 때에 십진법의 접두사를 사용하면 편리하다.

표 1-2 S.I 접두사

기호	명칭	크기
P	peta	10^{15}
T	tera	10^{12}
G	giga	10^{9}
M	mega	10^{6}
k	kilo	10^{3}
h	hecto	10^{2}
da	deca	10
d	deci	10^{-1}
c	centi	10^{-2}
m	milli	10^{-3}
μ	micro	10^{-6}
n	nano	10^{-9}
p	pico	10^{-12}
f	femto	10^{-15}
a	atto	10^{-18}

측정치들은 일반적으로 국제표준단위인 SI단위로 표기해야 하나 지역에 따라 관습적으로 사용되는 단위들도 있다. 특히 미국 또는 유럽의 관습단위들과 SI단위들 간의 크기는 다음과 같은 환산인자가 필요하다.

1 in (inch, 인치) = 2.54 cm

1 ft (feet, 피트) = 30.48 cm

1 yd (yard, 야드) = 91.44 cm

1 sea mile (nautical mile, 해리) = 1,852 m

1 oz (ounce, 온스) = 28.35 g

1 lb (pound, 파운드) = 453.59 g

1 atm (atmosphere, 기압) = 101,325 Pa = 760 mmHg (torr) = 14.7 psi

1 cal (calorie, 칼로리) = 4.1855 J

1-9 유효숫자

측정값 내 신뢰할 수 있는 수치 구간을 유효숫자(significant figure)라고 한다. 유효숫자는 일반적으로 정수 첫 번째 자릿수와 그 이하의 숫자를 십진법의 배율로 표기한다. 예로서 185 cm라는 길이는 1.85×10^2 cm로, 0.0023 g의 무게는 2.3×10^{-3} g으로 나타낸다. 여기서 1.85는 유효숫자가 세 자리이고 2.3은 유효숫자가 두 자리이다. 만약 어떤 측정치의 마지막 숫자가 반올림된 것이라면 그 자리까지가 유효숫자이다. 예로서 12,04를 반올림하였다면 1.20×10^2으로 표기하고, 유효숫자는 세 자리이다. 유효숫자는 자릿수가 많을수록 측정치의 정확도가 높다고 볼 수 있다.

유효숫자는 연산 시 두 가지 원칙이 있다. 덧셈과 뺄셈의 경우에는 그 결과를 소수점을 기준으로 아래 자릿수가 가장 작은 측정치를 기준으로 하고, 곱셈과 나눗셈은 전체 유효숫자가 가장 작은 측정치를 기준으로 한다. 예로서 180 cm, 180.7 cm, 181.94 cm에 대한 평균치를 나타낼 경우, 산술적 평균치는 180.88 cm이지만 정수 첫 번째 자리까지만 표현해야 하므로 반올림된 181 cm (1.81×10^2 cm)가 된다. 그리고 가로가 20.4 cm, 세로가 16.274 cm, 높이가 33 cm인 직육면체의 부피는 산술적으로 10955.6568 cm^3이지만 유효숫자가 두 자리인 1.1×10^4 cm^3으로 표기한다.

Chapter 1 연습문제

1. 놋그릇과 같은 합금은 물질의 분류에서 구체적으로 어떤 종류인가?

2. 겨울에도 눈이 내리는 날은 조금 덜 춥게 느껴진다. 그 이유가 되는 상전이열은?

3. 그릇 모양에 따라 외형이 바뀌는 물체를 유체(fluid)라고 한다. 압축을 하더라도 외형의 변화가 없는 유체(비압축성 유체)는 세 가지 상(phase) 중에서 무엇인가?

4. 실험식이 CH이며, 분자량이 78 amu인 물질의 분자식은?

5. 2×10^{23}개의 물 분자는 총 무게가 몇 g인가?

6. 95°F는 몇℃인가?

7. 에너지 단위에서 1 J (줄)은 몇 에르그(erg, $g \cdot cm^2 \cdot s^{-2}$)인가?

8. 메테인(CH_4)의 공기 중 연소반응을 나타내는 완성된 화학반응식은?

9. 무게백분율로 80%의 탄소와 20%의 수소로만 구성된 탄화수소의 분자량이 30 amu이라면 분자식은?

10. 12.34 + 1,234 + 123.4의 결과를 유효숫자의 표기법으로 표현하시오.

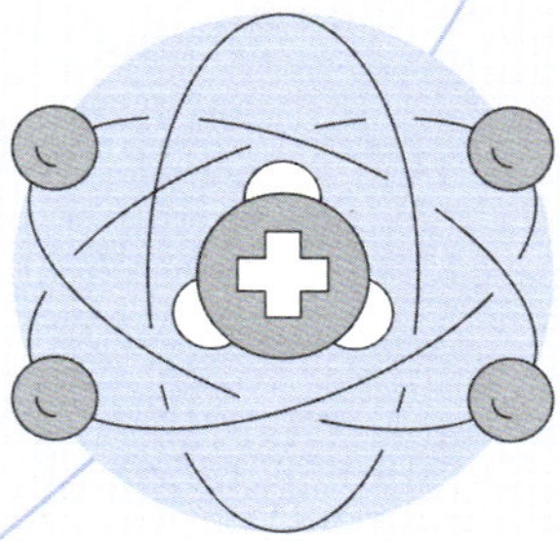

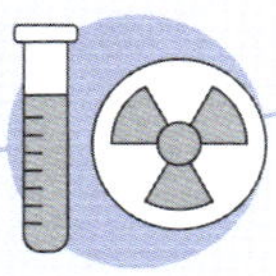

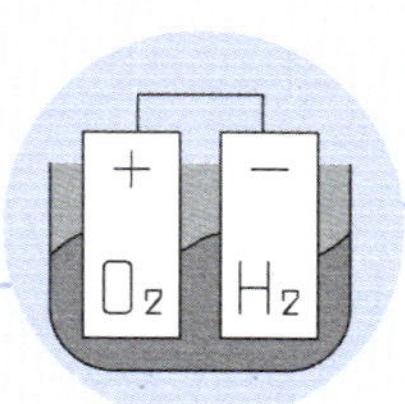
+
−
O_2
H_2

Chapter 2

원자의 구조

원자는 물질을 구성하는 가장 작은 입자이므로 일반적인 방법으로는 더 작게 쪼갤 수 없다. 그러나 원자는 내부적으로 중심 부분의 핵(nucleus)과 그 주변에 분포된 전자(electron)들로 이루어져 있다. 그리고 핵은 전체적으로 양전하(positive charged)를 가지는데, 이는 전기적으로 양성(positive)을 띤 양성자(proton)와 중성인 중성자(neutron)로 이루어져 있기 때문이다. 이와는 달리 핵 주위에 분포되어 있는 전자는 모두가 음전하(negative charged)를 띠고 있어서 원자는 전체적으로 전기적 중성을 나타낸다.

2-1 핵과 전자

원자는 크게 핵과 전자들로 구성되며 핵은 또한 양성자와 중성자로 이루어져 있다. 양성자와 중성자는 핵을 구성하는 입자들(핵자, nucleon)이며 크기와 질량이 매우 유사하나 전기적인 성질은 다르다. 음전하를 띤 전자는 입자의 질량이 핵자 한 개에 비해 대략 $\frac{1}{1840}$ 정도로 가볍다. 그러나 전자 한 개의 전하는 -1로서 부호는 반대이나 크기는 양성자와 대등하다.

표 2-1 핵자와 전자

명칭	기호	전하	상대질량	실제질량(g)
양성자	P^+	$+1$	1	1.673×10^{-24}
중성자	n	0	1	1.675×10^{-24}
전자	e^-	-1	5.43×10^{-4}	9.110×10^{-28}

원자들은 100여 종류가 있으며 이를 구분하는 것이 원자번호(atomic number, Z)이다. 원자번호는 원자 각각의 고유한 숫자로서 특정 원자핵 내 양성자의 개수 또는 핵 주변에 존재하는 전자들의 총 개수이다.

원자들의 무게를 나타내는 질량수(mass number, A)는 핵자의 개수이며 양성자의 개수와 중성자의 개수를 더한 값이다. 원자번호와 질량수는 일반적으로 원자의 종류를 표현하는 원소기호(atomic symbol)의 왼쪽 아래쪽과 위쪽에 각각 표기한다. 예로서 원자번호가 6이며 질량수가 12인 탄소 원자는 탄소의 원소기호인 C 왼쪽의 아래쪽과 위쪽에 나타낸다.

$$\begin{array}{r} \text{질량수} \rightarrow \\ \text{원자번호} \rightarrow \end{array} {}^{12}_{6}\mathrm{C}$$

동일한 개수의 양성자를 가진(원자번호가 같은) 원자들도 서로 다른 개수의 중성자를 가지는 경우가 대부분이어서, 이런 원자들을 서로 간 동위원소(isotope)라고 한다. 예로서 원자번호가 1인 수소 원자는 질량수가 각각 1, 2, 3인 세 종류의 동위원소가 있다. 또한 원자번호가 17인 염소(chlorine, Cl) 원자는 질량수가 35인 것과 37인 경우의 두 종류 동위원소가 자연계에 존재한다. 이런 동위원소들의 존재로 인해 모든 원자의 질량은 분포 비율을 반영한 평균치로 계산한다. 예로써 원자번호가 17인 염소 원자의 원자량은 자연계 내 두 종류 동위원소의 존재 비(ratio)가 반영된 평균 질량으로서 35.45 amu이다.

일반적으로 원자번호가 작은 경우에는 핵 내 양성자의 개수와 중성자의 개수가 거의 유사하지만 원자번호가 커질수록[5] 양성자 사이의 반발력을 억제하기 위하여 양성자 개수보다 중성자의 개수가 급격히 많아진다.

동중원소(isobar)는 동위원소와 반대로, 질량수는 같으나 원자번호가 서로 다른 원자들이다. 동중원소는 일반적으로 전자들의 흐름인 β선 방사선 방출(β 붕괴)과 관련이 있다. 핵분열 시 볼 수 있는 β 붕괴는 핵 속의 중성자 한 개가 양성자로 바뀌는 양(+)의 β 붕괴와 중성자가 양성자로 바뀌면서 양전자(positron)[6]가 방출되는 음(−)의 β 붕괴가 있다. 양의 β 붕괴는 질량수의 변화 없이 원자번호만 1 감소하고, 음의 β 붕괴는 질량수의 변화 없이 원자번호만 1 증가한다. 이같이 동중원소의 생성은 핵분열의 β 붕괴와 관련이 있다.

5) 대략적으로 원자번호가 20 이상에서부터

6) +1의 양전하를 띤 전자, 반전자(anti-electron)라고도 한다.

2-2 원자 내 전자 분포

원자 내 전자들은 움직이는 형태와 존재하는 위치가 고정되어 있지 않으나 핵을 중심으로 입체적인 분포 밀도를 가진다. 핵으로부터 특정 거리를 가지며 전자들의 존재 밀도가 상대적으로 높은 공간들을 전자껍질(electronic shell)이라고 한다. 전자껍질들은 원자마다 여러 개가 있으며 핵으로부터 떨어진 거리에 따라 가까운 것부터 K껍질, L껍질, M껍질, N껍질로 구분한다. 핵으로부터 껍질들까지의 거리는 원자들마다 차이가 있으며 각 원자들마다 고유한 값을 가진다. 또한 전자껍질을 기반으로 독특한 분포 형태와 높은 전자 밀도를 가지는 공간을 궤도함수(orbital)[7)]라고 한다.

원자가 가진 전자껍질 내 전자들은 기본적으로 에너지가 상대적으로 낮은 껍질과 그 궤도부터 규칙적으로 채워진다. 이에 따라 전자는 핵으로부터 가까운 껍질(K껍질)부터 먼저 채워지며 그 후 먼 껍질에 채워지는데, 동일한 껍질 내에서는 s궤도, p궤도, d궤도, f궤도의 순서로 채워진다. 다만 첫 번째 껍질인 K껍질은 1s[8)]궤도만을 가지며, 두 번째 껍질인 L껍질은 2s와 2p[9)]를, 세 번째 껍질인 M껍질은 3s와 3p와 3d[10)]를, 네 번째 껍질인 N껍질은 4s와 4p와 4d와 4f[11)]를 가진다.

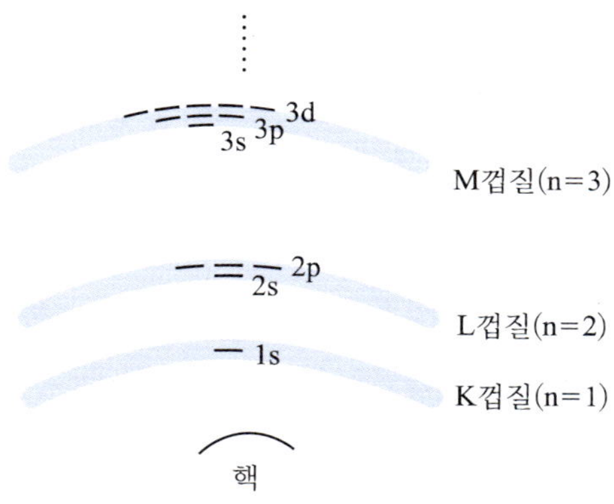

그림 2-1 전자껍질과 궤도함수

7) 궤도(orbit)라고도 한다.
8) 1번 껍질에 있는 s (sharp)모양의 궤도라는 의미
9) 2번 껍질에 있는 p (principal)모양의 궤도라는 의미
10) 3번 껍질에 있는 d (diffuse)모양의 궤도라는 의미
11) 4번 껍질에 있는 f (fundamental)모양의 궤도라는 의미

s궤도, p궤도, d궤도, f궤도는 동일한 에너지준위(energy level)에 각각 1개, 3개, 5개, 7개의 궤도가 있으며 한 개의 궤도에는 스핀 방향이 서로 다른 두 개의 전자를 수용할 수 있다.

전자껍질의 번호를 n으로 표현하면 껍질 내 수용 가능한 전자의 최대 숫자는 $2n^2$개이며, K껍질(n = 1)은 2개($1s^2$), L껍질(n = 2)은 8개($2s^2$ $2p^6$), M껍질(n = 3)은 18개($3s^2$ $3p^6$ $3d^{10}$), N껍질(n = 4)은 32개($4s^2$ $4p^6$ $4d^{10}$ $4f^{14}$)의 전자를 수용할 수 있다.

그러나 원자 내 전자배치에 관한 순서는 공간적 위치뿐만 아니라 에너지적 안정성도 영향을 주므로 전자들의 전체적인 배치 순서는 Aufbau 원리에 의해 결정된다. 결론적으로 이 원리를 적용한 전자들의 궤도함수 점유순서는 다음과 같다.

$1s^2$ $2s^2$ $2p^6$ $3s^2$ $3p^6$ $4s^2$ $3d^{10}$ $4p^6$ $5s^2$ $4d^{10}$ $5p^6$ $6s^2$ $4f^{14}$ ⋯
전자가 원자 내 궤도함수를 채우는 순서 →

여기서 궤도함수 앞에 붙여진 숫자는 소속된 껍질의 번호로서 1은 K껍질을, 2는 L껍질을, 3은 M껍질을, 4는 N껍질을 가리킨다. 또한 궤도함수 오른쪽 위에 표기된 숫자는 궤도함수 내 수용 가능한 전자들의 최대개수를 나타낸다. 이에 관한 예로서 원자번호가 22인(원자 내 전자들의 총 개수가 22개인) 티타늄의 바닥상태(ground state)[12] 전자배치는 $1s^2$ $2s^2$ $2p^6$ $3s^2$ $3p^6$ $4s^2$ $3d^2$이다.

그러나 이 원리의 적용에도 원자번호 24인 크롬(Cr)과 29인 구리(Cu)의 바닥상태 전자배치는 예외이다. 이는 에너지적 안정성으로 인해 약간의 순서가 바뀌기 때문이다.

$_{24}Cr$: $1s^2\ 2s^2\ 2p^6\ 3s^2\ 3p^6\ \underline{4s^2\ 3d^4} \rightarrow 1s^2\ 2s^2\ 2p^6\ 3s^2\ 3p^6\ \underline{4s^1\ 3d^5}$

$_{29}Cu$: $1s^2\ 2s^2\ 2p^6\ 3s^2\ 3p^6\ \underline{4s^2\ 3d^9} \rightarrow 1s^2\ 2s^2\ 2p^6\ 3s^2\ 3p^6\ \underline{4s^1\ 3d^{10}}$

궤도함수 내 전자가 채워지는 방법에는 훈트의 규칙(Hund's rule)과 파울리의 배타원리(Pauli's exclusion principle)가 적용된다. 훈트의 규칙은 동일한 에너지 준위(level)에 있는 복수의 궤도함수에는 우선적으로 한 개씩의 전자들이 먼저 채워진 후 짝을 이루게 된다는 것이다. 파울리의 원리는 특정 궤도함수에 들어갈 수 있는 두 개의 전자는 반드시 회전(spin) 방향이 서로 다른 것이어야 한다는 것이며 같은 회전 방향을 가진 것은 짝을 이룰 수 없다는 원리이다.

12) 가장 낮은 에너지 상태, 외부로부터의 에너지 제공이 전혀 없는 상태

예제 2-1) $_{18}Ar$의 바닥상태 전자배치를 표현하시오.

풀이) 아르곤(Ar)의 원자번호가 18이므로 전자의 총 개수도 18개이다.

정답) $1s^2\ 2s^2\ 2p^6\ 3s^2\ 3p^6$

원자 내 전자껍질들 중 전자가 한 개 이상이라도 들어있는 제일 바깥쪽 껍질(outer shell)을 원자가(valence)라고 하며 그 껍질에 있는 전자들은 원자가전자(valence electron)이다. 원자가와 원자가전자들은 원자들의 화학결합에 직접적으로 관여한다.

2-3 보어(Bohr) 모델과 선스펙트럼

원자 내 전자들의 분포에 대한 편리한 설명을 보여주는 것이 보어 모델(Bohr model)이다. 이 모형은 전자껍질들의 위치와 에너지 크기에 관한 상관성, 껍질 간 전자 이동 등에 대한 설명을 제공하며 수소 원자에 대해 매우 잘 적용된다.

원자 내 전자껍질들은 핵으로부터 가장 가까운 것이 가장 낮은 에너지준위를 가지며 핵으로부터 위쪽으로 올라갈수록 더 높은 에너지준위를 나타낸다. 따라서 전자껍질 사이의 에너지 차이는 전자들의 이동 시 전자기복사선의 흡수와 방출의 원인이 된다. 핵에 가까운 아래쪽 껍질에서 위쪽 껍질로 이동 시에는 두 껍질의 에너지준위 차이에 해당되는 에너지를 가진 고유한 파장의 전자기복사선을 흡수해야 한다. 이와는 반대로 높은 에너지의 위쪽 껍질로부터 에너지가 낮은 아래쪽 껍질로 전자가 이동하는 경우에는 그 에너지준위 차이와 동일한 에너지를 가진 고유한 파장의 전자기복사선이 원자 외부로 방출된다. 다양한 파장을 가진 전자기복사선들 중 이같이 특정한 파장의 것들만이 흡수되거나 방출된 분광(spectrum)을 흡수스펙트럼 또는 방출스펙트럼이라 한다. 흡수스펙트럼은 전자껍질 사이의 에너지준위 차이에 해당되는 몇 개의 파장은 흡수되었으므로 스펙트럼 상에 나타나지 않는다.

그러나 방출스펙트럼은 전자껍질 사이에서 위쪽 껍질의 전자가 아래쪽으로 이동 시 방출되는 전자기복사선에 의해 발생하며, 고유한 몇 개의 파장만이 불연속적인 선 모양의 스펙트럼으로 나타나므로 선스펙트럼(line spectrum)이라 한다. 선스펙트럼이 나타나는 파장들은 전자껍질 사이의 고유한 에너지 차이에 의한 것이며, 라이만계열(Lyman series), 발머계열(Balmer series), 파셴계열(Paschen series) 브래킷계열(Brackett series) 등으로 분류한다. 라이만계열은 위쪽 껍질이 무엇이든지 최종 도착 껍질이 맨 아래쪽 껍질($n = 1$)로 떨어질 때 나타나는 자외선(ultra violet, uv) 영역의 발광복사선들을 가리키며, 발머계열은 두 번째 껍질($n = 2$)로 떨어지는 가시광선(visible light) 영역의 발광복사선들이며, 파셴계열은 핵으로부터 위쪽으로 세 번째 전자껍질로 떨어지는 적외선 영역의 발광 복사선들을 가리킨다. 브래킷계열도 네 번째 껍질로 떨어지는 적외선 영역의 발광복사선들이다. 각각의 계열과 그 고유한 발광 스펙트럼의 파장(wave length, λ)은 다음의 수식으로 계산한다.

라이만계열 : $1/\lambda\ (\text{nm}) = R\,(1/1^2 - 1/n^2)$ 식(2-1)

발머계열 : $1/\lambda\ (\text{nm}) = R\,(1/2^2 - 1/n^2)$ 식(2-2)

파셴계열 : $1/\lambda\ (\text{nm}) = R\,(1/3^2 - 1/n^2)$ 식(2-3)

브래킷계열 : $1/\lambda\ (\text{nm}) = R\,(1/4^2 - 1/n^2)$ 식(2-4)

여기서, n은 전자껍질의 번호이며, R은 리드베르그 상수(Rydberg constant)로서 $1.0974 \times 10^7\ \text{m}^{-1}$이다.

2-4 양자역학과 원자궤도

수소를 제외한 원자들 속 전자들의 분포와 거동은 보어 모델로 완벽히 설명할 수 없다. 원자 내 전자들이 실제로 존재하는 형태에 대한 가장 근접한 모형은 양자역학

(quantum mechanics)에 기반을 둔 전자구름이론(electron cloud theory)이다. 마치 구름이 옅거나 두터운 상태로 존재하는 것과 같이 전자들의 존재 분포 역시 이와 유사한 형태로 설명한다. 이는 슐레딩거의 파동방정식(Schrödinger's wave equation)과 하이젠베르그의 불확정성원리(Schrödinger's uncertainty principle)가 그 기초가 되어 원자 내 전자들의 존재를 특정 위치에 한정시키지 않고 모든 임의 공간에서의 존재가능성으로 표현한다. 즉, 원자 내 전자들의 존재는 파동함수(wave function, ψ)의 제곱항(ψ^2)으로

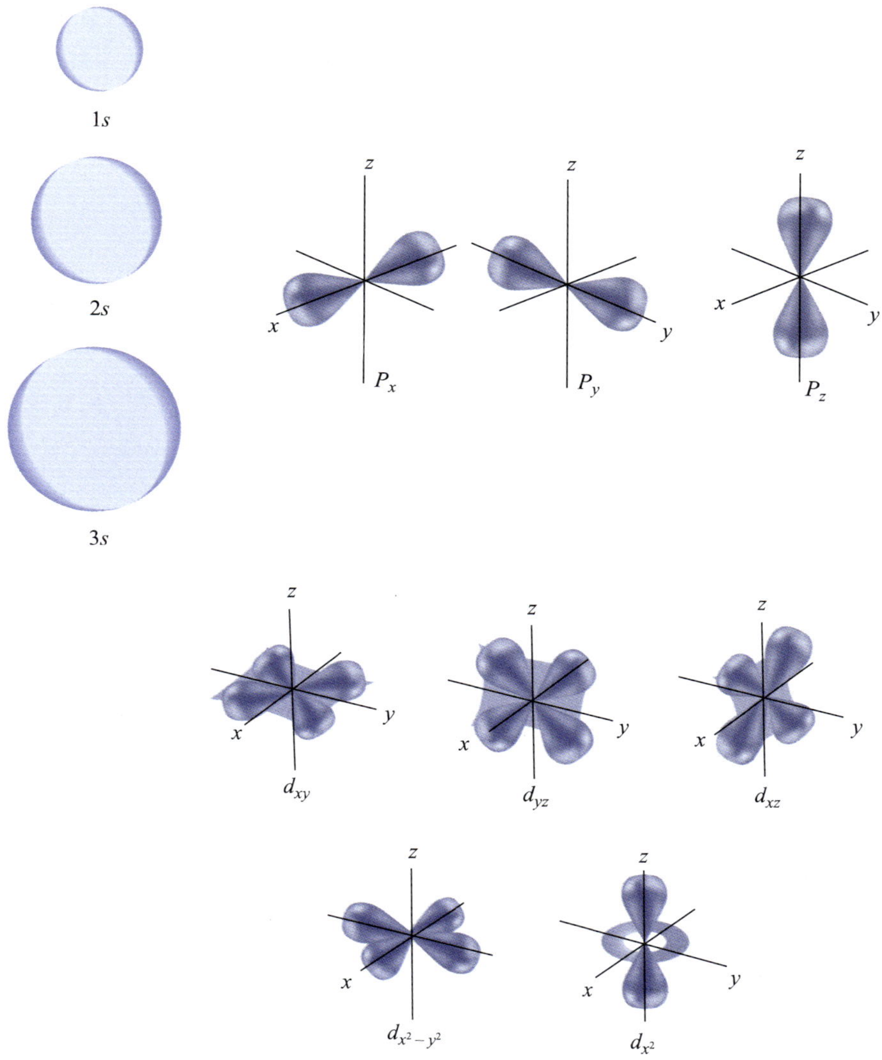

그림 2-2 원자들의 궤도함수 형태

표현하는데, 이는 그 공간에서 전자가 발견될 확률을 의미한다. 이런 결과들로부터 나타낸 표현이 그림 2-2에서 보여주는 여러 형태의 원자궤도함수(atomic orbital)들이다. 원자 내 궤도함수는 공과 같은 모양의 s 궤도, 아령 모양의 p 궤도, 네잎클로버와 유사한 모양의 d 궤도, 그 밖에도 독특한 모양의 f 궤도가 있다.

2-5 양자수

한 원자 내 존재하는 여러 개의 전자들 중에서 한 개의 전자를 특정하여 구분하는 방법이 양자수(quantum number)이다. 그러므로 양자수는 범위가 큰 것으로부터 가장 작은 영역까지 전자들을 세분하여 한 개의 전자만을 지정할 수 있다.

양자수는 범위가 큰 순서부터 주양자수(principal quantum number, n), 방위양자수[13] (azimuthal quantum number, l), 자기양자수(magnetic quantum number, M_l), 스핀양자수(spin quantum number, M_s)의 네 종류로 구분한다.

주양자수는 원자 내 전자껍질을 구분하는 숫자로서 K껍질은 1 ($n=1$), L껍질은 2 ($n=2$), M껍질은 3 ($n=3$), N껍질은 4 ($n=4$)로 규정한다.

방위양자수는 전자껍질에 속한 원자궤도를 구분하는 숫자로서 s궤도는 0 ($l=0$), p궤도는 1 ($l=1$), d궤도는 2 ($l=2$), f궤도는 3 ($l=3$)으로 정한다.

또한 자기양자수는 같은 에너지준위에 있는 두 개 이상의 전자궤도를 서로서로 구분하는 숫자로서 $-l$로부터 0을 거쳐 $+l$까지의 숫자로 각각의 전자궤도를 나타낸다. 예로서 방위양자수가 2인 다섯 개의 d궤도는 $-l \sim 0 \sim +l$에서 각각의 자기양자수가 -2, -1, 0, $+1$, $+2$가 된다.

마지막으로 스핀양자수는 동일한 한 궤도 속에 들어가는 한 쌍의 전자를 구분하는 표식으로서 궤도에 먼저 채워지는 전자(↑로 표기)는 $+\frac{1}{2}$, 나중에 채워지는 전자(↓로 표기)는 $-\frac{1}{2}$로 규정한다.

13) 부양자수(subquantum number)라고도 함.

예제 2-2) $_{17}Cl$의 바닥상태 전자배치에서 맨 마지막으로 채워지는 전자의 양자수를 결정하시오.

풀이) 염소(Cl) 원자 내 전자의 개수는 원자번호와 동일하므로 17개이다. 따라서 마지막으로 채워지는 전자는 $1s^2\ 2s^2\ 2p^6\ 3s^2\ 3p^5$에서 3p 궤도에 다섯 번째로 채워지는 전자이다. 여기서 3p 궤도의 3은 껍질의 번호인 주양자수이며 p는 방위양자수가 1로 규정되어 있음을 기억해야 한다. 또한 5개의 전자들은 3개의 전자가 먼저 3개의 궤도에 각각 한 개씩(↑) 채워진 후 나머지 두 개의 전자가 두 개의 궤도에 각각 한 개씩(↓) 짝을 지우며 채워진다. 따라서 마지막 전자는 세 개의 3p 궤도 중 두 번째 궤도(자기양자수가 0인) 내 스핀방향이 ↓인(스핀양자수가 $-\frac{1}{2}$인) 전자를 가리킨다.

3p	↑↓	↑↓	↑
	—	—	—
자기양자수(M_l)	−1	0	+1

그러므로 주양자수, 방위양자수, 자기양자수, 스핀양자수의 순서로 표기되는 이 전자의 양자수는 (3, 1, 0, $-\frac{1}{2}$)이 된다.

정답) (3, 1, 0, $-\frac{1}{2}$)

Chapter 2 연습문제

1. 양성자와 중성자 중 원자번호가 증가할수록 둘 중 다른 하나에 비해 그 개수가 상대적으로 더 많아지는 것은?

2. 원자번호가 Z이며 질량수가 A인 원자가 α방사선 붕괴를 하여 헬륨(원자번호는 2, 질량수는 4) 원자가 한 개 빠져나갔다. 남은 원자 내 중성자의 개수는?

3. 원자의 질량은 (A)에 집중되어 있고, 원자의 크기는 전자의 제일 바깥 (B)에 의해 결정된다. A와 B에 알맞은 용어는?

4. 단원자 음이온은 양성자와 전자 중 어느 것의 개수가 더 많은 상태인가?

5. 햇빛을 프리즘으로 분해한 스펙트럼은 선스펙트럼인가 연속스펙트럼인가?

6. 수소 원자의 발광 스펙트럼 중 사람이 직접 볼 수 있는 계열은?

7. 5개의 d 궤도들 중 전자분포 형태가 3차원 축을 포함하고 있는 것은 몇 개인가? (그림 2-1 참조)

8. 원자번호가 26인 철(Fe) 원자의 바닥상태 전자배치는?

9. 원자번호가 17인 염소(Cl) 원자의 원자가전자의 개수는?

10. 양자수가 (3, 2, 0, −1/2)인 전자는 원자번호가 몇 번인 원자에 마지막으로 채워지는 전자인가?

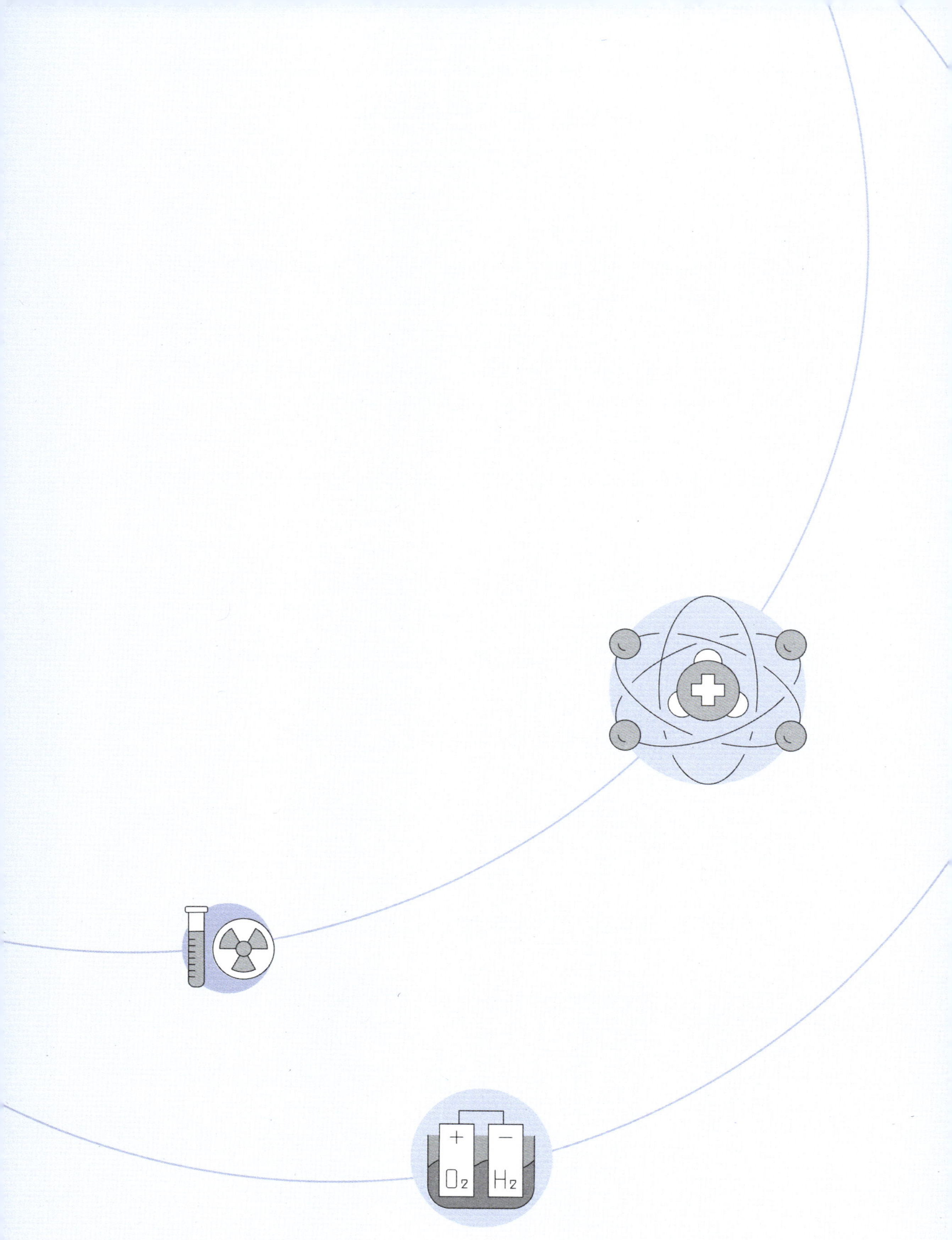
+
−
O2
H2

Chapter 3

주기율표

주기율표(periodic table)는 원자들을 그 특성과 크기별로 구분하여 정리한 도표이다. 원자번호의 순서에 따라 도표의 왼쪽 위에서부터 점차 오른쪽 아래로 내려온다. 원자를 나타내는 원소기호(atomic symbol)들은 원자들의 영어명, 라틴어명, 과학자명, 지역명 등에서 유래한 것들이다. 원소기호의 대부분은 영어명에서 가져온 것들이며 수소(hydrogen)의 H, 산소(oxygen)의 O, 알루미늄(aluminium)의 Al, 아르곤(argon)의 Ar 등이 대표적이다. 그러나 인류의 오랜 문명과 함께한 일부 금속들은 영어 이전의 공용어라 할 수 있는 라틴어명[14]에서 유래되었다. 철(iron)은 Fe, 금(gold)은 Au, 은(silver)은 Ag, 구리(copper)는 Cu, 납(lead)은 Pb, 주석(tin)은 Sn으로 영어명과 다르게 원소기호를 정한 것이 대표적이다. 또한 러드포디윰(Rutherfordium, Rf), 아인스타인늄(Einsteinium, Es), 페르뮴(Fermium, Fm), 멘델레븀(Mendelevium, Md), 노벨륨(Nobelium, No), 퀴륨(Curium, Cm) 등은 과학자들 이름에서 가져온 것이며 아메리슘(Amercium, Am), 버크륨(Berkelium, Bk), 캘리포니윰(Californium, Cf) 등은 지역명에서 인용한 것들이다.

주기율표에는 원소들에 대한 다양한 정보들이 들어있긴 하나 원소기호와 원자번호는 기본적으로 제시된다. 그밖에는 원자의 질량을 나타내는 원자량을 표시하는데 동위원소들의 질량을 자연계의 분포 비율을 고려한 질량 평균치로 계산한 수치이다. 이외도 원소의 바닥상태 전자배치를 원자가전자들에 대해 나타내기도 한다.

3-1 주기율표의 구성

주기율표의 가로줄(row)은 주기(period)라고 하며 크기가 비슷한 원자들로 구성되어 있고 각각의 주기들은 아라비아 숫자로 구분한다. 세로줄(column)은 족(group)이라 하며 동일한 족을 구성하는 원자들은 화학적 성질이 유사하다. 족은 왼쪽부터 1A, 2A, 3B 등과 같이 숫자와 영어알파벳 대문자로 구성되는[15] 족의 번호를 통해 구분한다.[16]

14) 철(ferrum), 금(aurum), 은(argentum), 구리(cuprum), 납(plumbum), 주석(stanum)
15) 족의 번호를 로마숫자와 영어알파벳으로 구분하기도 한다.
16) 1~18까지의 아라비아 숫자로 구분하기도 한다.

	IA (1)	IIA (2)	IIIB (3)	IVB (4)	VB (5)	VIB (6)	VIIB (7)	VIIIB (8)	VIIIB (9)	VIIIB (10)	IB (11)	IIB (12)	IIIA (13)	IVA (14)	VA (15)	VIA (16)	VIIA (17)	VIIIA (18)
1	1 **H** 1.008																	2 **He** 4.003
2	3 **Li** 6.941	4 **Be** 9.012											5 **B** 10.81	6 **C** 12.01	7 **N** 14.01	8 **O** 16.00	9 **F** 19.00	10 **Ne** 20.18
3	11 **Na** 22.99	12 **Mg** 24.31											13 **Al** 26.98	14 **Si** 28.09	15 **P** 30.97	16 **S** 32.07	17 **Cl** 35.45	18 **Ar** 39.95
4	19 **K** 39.10	20 **Ca** 40.08	21 **Sc** 44.96	22 **Ti** 47.88	23 **V** 50.94	24 **Cr** 52.00	25 **Mn** 54.94	26 **Fe** 55.85	27 **Co** 58.93	28 **Ni** 58.69	29 **Cu** 63.55	30 **Zn** 65.39	31 **Ga** 69.72	32 **Ge** 72.61	33 **As** 74.92	34 **Se** 78.96	35 **Br** 79.90	36 **Kr** 83.80
5	37 **Rb** 85.47	38 **Sr** 87.62	39 **Y** 88.91	40 **Zr** 91.22	41 **Nb** 92.91	42 **Mo** 95.94	43 **Tc** (98)	44 **Ru** 101.1	45 **Rh** 102.9	46 **Pd** 106.4	47 **Ag** 107.9	48 **Cd** 112.4	49 **In** 114.8	50 **Sn** 118.7	51 **Sb** 121.8	52 **Te** 127.6	53 **I** 126.9	54 **Xe** 131.3
6	55 **Cs** 132.9	56 **Ba** 137.3	57 **La** 138.9	72 **Hf** 178.5	73 **Ta** 180.9	74 **W** 183.9	75 **Re** 186.2	76 **Os** 190.2	77 **Ir** 192.2	78 **Pt** 195.1	79 **Au** 197.0	80 **Hg** 200.6	81 **Tl** 204.4	82 **Pb** 207.2	83 **Bi** 209.0	84 **Po** (209)	85 **At** (210)	86 **Rn** (222)
7	87 **Fr** (223)	88 **Ra** (226)	89 **Ac** (227)	104 **Rf** (261)	105 **Db** (262)	106 **Sg** (266)	107 **Bh** (262)	108 **Hs** (265)	109 **Mt** (266)	110 **Ds** (269)	111 **Rg** (272)	112 **Cn** (285)	113 **Nh** (286)	114 **Fl** (289)	115 **Mc** (290)	116 **Lv** (293)	117 **Ts** (294)	118 **Og** (294)

6	Lanthanides	58 **Ce** 140.1	59 **Pr** 140.9	60 **Nd** 144.2	61 **Pm** (145)	62 **Sm** 150.4	63 **Eu** 152.0	64 **Gd** 157.3	65 **Tb** 158.9	66 **Dy** 162.5	67 **Ho** 164.9	68 **Er** 167.3	69 **Tm** 168.9	70 **Yb** 173.0	71 **Lu** 175.0
7	Actinides	90 **Th** 232.0	91 **Pa** (231)	92 **U** 238.0	93 **Np** (237)	94 **Pu** (244)	95 **Am** (243)	96 **Cm** (247)	97 **Bk** (247)	98 **Cf** (251)	99 **Es** (252)	100 **Fm** (257)	101 **Md** (258)	102 **No** (259)	103 **Lr** (266)

그림 3-1 원소들의 주기율표

족의 구분 중 A족은 주족원소(main element)[17]이며 B족은 전이원소(transition element)[18]이다. 주족원소들은 산화상태가 한 종류뿐이며 원자가전자들이 모두 s궤도 및 p궤도로만 구성되어 있는 점이 특징적이다. 그러나 전이원소는 한 원소의 산화상태가 두 종류 이상이며 원자가전자들 중 한 개 이상의 전자가 d궤도를 차지하고 있는 경우이다.

주기율표상에서 왼쪽에 위치한 대부분의 원자들은 금속(metal)이지만(수소는 예외) 오른쪽은 비금속(nonmetal) 원자들이다. 그 경계는 준금속(metalloid) 원자들로서 규소(silicon, Si), 게르마늄(germanium, Ge), 비소(arsenic, As), 안티몬(antimony, Sb), 비스무스(bismuth, Bi), 텔루륨(tellurium, Te), 폴로늄(polonium, Po) 등이 있다. 동일한 주기의 경우에 상대적으로 왼쪽에 위치한 원자일수록 그 원자의 금속성도 상대적으로 강하다.

주기율표에서 주기와 족은 번호 이외도 그 특성을 따라 각각을 구분시켜주는 별명이 있다. 가장 왼쪽의 1A족은 알칼리금속[19](alkari metal)이라고 하며 물과 접촉 시 물을 알칼리성으로 바뀌게 하는 성질이 있다. 베릴륨(Be), 마그네슘(Mg), 칼슘(Ca) 등의 2A족은 알칼리토금속(alkari earth metal)이라 하는데, 물을 알칼리성으로 변화시킬 뿐만 아니라 지구 자원으로서 풍부하게 존재한다는 의미를 내포한다. 또한 7A족은 할로젠(halogen)족[20]이며 아스타틴(astatin, At)을 제외한 네 종류의 원소를 가리킨다. 아스타틴은 지구 환경 내 존재하지만 화학적 안정성이 매우 낮고 쉽게 분해되므로 인위적인 취급이 불가능한 물질이다. 8A족[21]은 0족이라 하며 헬륨(helium, He), 네온(neon, Ne), 아르곤(argon, Ag), 크립톤(krypton, Kr), 제논(zenon, Xe)[22] 및 라돈(radon, Ra)의 여섯 종류 기체들이다. 0족은 화학적 활성을 전혀 나타내지 않으므로 불활성기체(noble gas)라고 한다.

주기율표의 주기에도 주기 번호 이외의 다른 명칭이 사용되는 것이 있다. 주기율표의 아래쪽에 따로 분리된 두 줄의 원소들이 내부전이원소(inner transition element)이다. 두 줄의 원소들 중 위쪽 줄의 원소들은 원자번호가 58～71의 14개 원소들로서 란탄계(lanthanides) 원소라고 하는데, 지구의 지하자원으로서는 그 양이 매우 희박하여 희토류

17) 전형원소(representative element)라고 말하기도 한다.
18) 100% 금속이므로, 전이금속(transition metal)이라고 부르기도 한다.
19) 수소(H)는 제외
20) 할로겐이라고 하기도 한다.
21) 18족으로 분류하기도 한다.
22) 크세논이라고 발음하기도 한다.

원소(rare earth element)라고 말한다. 아래쪽 줄의 14개 원소들[23]은 악티늄계(actinides) 원소라고 하며 란탄계 원소와 마찬가지로 지구 지각 내 매장량이 매우 희박하지만 희토류원소들에 비해 상대적으로 비중이 더 크다는 의미로서 중희토류원소(heavy rare earth element)라고 한다. 희토류원소와 중희토류원소들은 특유의 강한 자성으로 인해 다양한 산업 분야에서 그 용도가 급격히 증가하고 있다.

3-2 원자의 크기

주기율표에서 같은 주기 내 원자들은 그 크기가 비슷하지만 오른쪽에 위치할수록(원자번호가 증가할수록) 원자반경(atomic radius)[24]이 점점 작아진다. 이것은 핵이 가진 유효핵전하(effective nuclear charge)의 증가와 관련이 있다. 동일한 주기는 동일한 원자가를 가지므로 핵과 원자가 사이의 거리가 거의 동일하다. 그러나 동일한 주기에서 오른쪽에 있는 원자는 원자번호가 상대적으로 증가하므로 핵 속의 양성자 개수도 증가한다. 따라서 전기적으로 양성의 더 강한 핵전하를 가진 핵은 동일한 거리의 원자가전자를 더 강하게 끌어당기게 된다. 원자반경은 핵으로부터 원자가까지의 거리이므로 이것이 가까울수록 원자의 크기도 작아진다.

주기율표에서 같은 족에 있는 원자들은 그 화학적 특성이 유사하지만 아래로 내려갈수록 원자들의 크기는 증가한다. 그 이유는 아래로 내려갈수록 (주기가 커질수록) 더 큰 원자가를 가지기 때문이다.

23) 원자번호가 90~103인 14개 원소들

24) 원자반지름

3–3 전기음성도

전기음성도(electronegativity)는 한 원자가 주변에 있는 전자를 끌어당기는 경향의 크기를 의미한다. 즉, 전기음성도가 큰 원자는 다른 원자들에 비해 음전하를 띤 전자를 더 강하게 당긴다. 따라서 전기음성도는 전자들의 공유를 통해 화학결합을 형성하는[25] 분자들의 극성 여부를 결정하는 원인이 된다.

전기음성도의 크기는 원자들 각각의 고유한 값이나 주기율표에서는 오른쪽으로 갈수록 그리고 위로 갈수록 더 커지는 경향을 나타낸다. 따라서 화학적 활성이 없는 불활성 기체를 제외하면 플루오린(F)의 전기음성도가 4.0으로 가장 크다. 그 다음은 산소(O)와 염소(Cl)가 각각 3.5와 3.0을 나타낸다. 내부전이원소인 란탄계 원소들과 악티늄계 원소들의 전기음성도는 공통적으로 1.0~1.2 정도이다.

H 2,1																	He
Li 1,0	Be 1,6											B 2,0	C 2,5	N 3,0	O 3,5	F 4,0	Ne
Na 0,9	Mg 1,2											Al 1,5	Si 1,8	P 2,1	S 2,5	Cl 3,0	Ar
K 0,8	Ca 1,0	Sc 1,3	Ti 1,5	V 1,6	Cr 1,6	Mn 1,5	Fe 1,8	Co 1,9	Ni 1,9	Cu 1,9	Zn 1,6	Ga 1,6	Ge 1,8	As 2,0	Se 2,4	Br 2,8	Kr
Rb 0,8	Sr 1,0	Y 1,2	Zr 1,4	Nb 1,6	Mo 1,8	Tc 1,9	Ru 2,2	Rh 2,2	Pd 2,2	Ag 1,9	Cd 1,7	In 1,7	Sn 1,8	Sb 1,9	Te 2,1	I 2,5	Xe
Cs 0,7	Ba 0,9	La 1,0	Hf 1,3	Ta 1,5	W 1,7	Re 1,9	Os 2,2	Ir 2,2	Pt 2,2	Au 2,4	Hg 1,9	Tl 1,8	Pb 1,9	Bi 1,9	Po 2,0	At 2,1	Rn

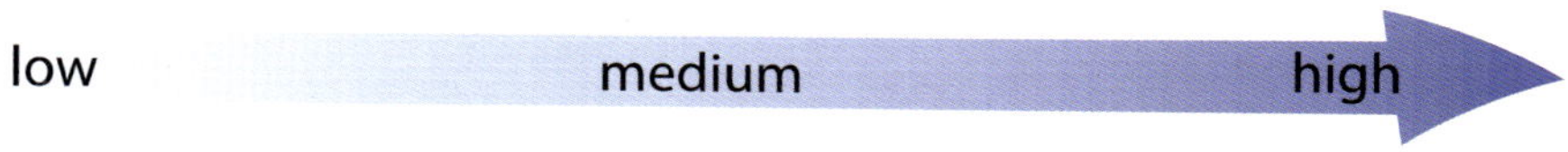

그림 3–2 원소들의 전기음성도

25) 공유결합을 의미, 앞으로 제4장에서 언급된다.

3-4 이온화에너지

이온화에너지(ionization energy)는 원자 또는 양이온으로부터 전자를 한 개 떼어내는 데 필요한 에너지이다. 중성 원자로부터 전자 한 개를 떼어내어 +1가의 양이온으로 바뀌게 하는데 필요한 에너지가 제1이온화에너지(first ionization energy)이며, +1가의 양이온으로부터 한 개의 전자를 떼어내어 +2가의 양이온으로 바뀌게 하는데 필요한 에너지는 제2이온화에너지(second ionization energy), +2가의 양이온으로부터 한 개의 전자를 떼어내어 +3가의 양이온을 만드는데 필요한 에너지는 제3이온화에너지(third ionization energy)이다. 이온화에너지는 모든 원자들에서 양의 값을 가지며, 제1이온화에너지 보다는 제2이온화에너지가, 제2이온화에너지 보다는 제3이온화에너지가 일반적으로 더 값을 나타낸다. 이온화에너지가 양의 값이라는 의미는 전자를 떼어내는 과정이 에너지를 필요로 하는 흡열과정(endothermic process)이라는 것을 나타낸다.

이온화에너지의 크기는 원자들 각각의 고유한 값이나 전기음성도와 마찬가지로 주기율표에서는 위로 갈수록 그리고 오른쪽으로 갈수록 더 커진다.

표 3-1 원소들의 이온화에너지(kJ/mol)

원소기호	제1	제2	제3	제4
H	1,312			
He	2,371	5,247		
Li	520	7,279	11,810	
Be	900	1,757	14,840	21,000
B	800	2,430	3,659	25,020
C	1,086	2,352	4,619	6,221
Na	495.8	4,565	6,912	9,540
Mg	737.6	1,450	7,732	10,550
Al	577.4	1,816	2,744	11,580
K	418.8	3,069	4,600	5,879
Ca	589.5	1,146	4,941	6,485

한 원자가 가진 여러 개의 이온화에너지를 살펴보면 그 원자 내 원자가전자의 개수를 알 수 있다. 제1, 제2, 제3, 제4로 표현되는 여러 개의 이온화에너지들 중 어떤 것들 사이에서 가장 큰 차이를 나타내는가를 보면 된다. 만약 제1과 제2의 사이에서 가장 큰 차이를 보인다면 원자가전자는 한 개이며, 제3과 제4 사이에서 가장 큰 차이가 있다면 원자가전자는 세 개이다. 이온화에너지가 갑자기 커진다는 것은 이제까지 와는 달리 더 핵에 가까운 껍질의 전자를 떼어내기 시작했음을 의미하기 때문이다. 전자껍질들 중 핵에 가까운 껍질의 전자는 핵의 양전하에 의해 더 강하게 당겨지기 때문이다. 표 3-1에서 칼슘(Ca)의 이온화에너지는 제1, 제2, 제3, 제4의 값이 각각 589.5 kJ/mol, 1146 kJ/mol, 4941 kJ/mol, 6485 kJ/mol이다. 이 경우 제2이온화에너지와 제3이온화에너지 사이가 다른 이온화에너지 사이들과 달리 가장 큰 폭의 상승을 나타내고 있다. 이런 결과는 두 개의 전자를 떼어낼 때와는 달리 세 번째 전자를 떼어내는 데에는 새로운 차원의 큰 에너지가 필요함을 보여주는 것이다. 이를 통해 칼슘 원자의 제일 바깥쪽 전자껍질에 있는 원자가전자의 개수는 두 개임을 알 수 있다.

3–5 전자친화도

전자친화도(electron affinity)는 전자 한 개를 원자에 더 첨가할 때 수반되는 에너지이다. 따라서 전자친화도는 이온화에너지와 반대되는 과정의 에너지이므로 대부분 음의 값[26]을 가진다. 그러나 예외적으로 베릴륨(Be), 질소(N), 마그네슘(Mg) 등의 원소는 전자친화도가 양의 값을 가지는 경우도 있다.

전자친화도는 이온화에너지와 달리 그 크기가 주기율표 상에서 뚜렷한 경향성이 없다. 할로젠족 원소들이 음의 값으로 큰 값을 가지긴 하지만 전체적인 수치들이 일관된 경향을 나타내지는 않는다.

26) 발열과정(exothermic process)이다.

표 3-2 원소들의 전자친화도(kJ/mol)

IA	IIA	IIIA	IVA	VA	VIA	VIIA
H −73						
Li −60	Be +100	B −27	C −122	N +9	O −141	P −328
Na −53	Mg +30	Al −44	Si −134	P −72	S −200	Cl −348
K −48		Ga −30	Ge −120	As −77	Se −195	Br −325
Rb −47				Sb −101	Te −190	I −295

Chapter 3 연습문제

1. 원자의 질량은 양성자와 중성자의 개수를 합한 수치인 질량수에 의해 결정된다. 그럼에도 불구하고 원자들의 원자량이 모두 자연수가 아닌 이유는 무엇 때문인가?

2. 원자번호가 26인 철(Fe)은 주족원소인가? 전이원소인가?

3. 팔라듐(Pd), 루비듐(Rb), 몰리브덴(Mo)의 금속성을 크기 순서로 부등호로 나타내시오.

4. 내부전이원소인 란탄계원소는 14개의 원소로 이루어져 있다. 이 원자들과 가장 밀접한 관련이 있는 원자궤도함수의 종류는?

5. 주기율표에서 동일한 주기 내 원자들은 원자번호가 증가할수록 원자반경은 더 작아진다. 그 이유는 (A)와(과) (B) 사이의 인력이 증가하기 때문이다. A와 B는?

6. 탄소(C)와 산소(O)가 결합된 일산화탄소(CO) 분자는 분자 내 어느 원자 주위에 전자 밀도가 높을까?

7. 내부전이원소, 할로젠족, 알칼리금속의 전기음성도를 크기 순서로 부등호로 나타내시오.

8. 표 3-1을 참고하여 알루미늄(Al) 원자 내 원자가전자의 개수를 예측하시오.

9. 표 3-1을 참고하여 마그네슘(Mg) 원자 내 제2이온화에너지와 관련된 원자궤도를 밝히시오.

10. 포타슘(K), 붕소(B), 황(S), 브롬(Br) 중 한 개의 전자를 받을 경우 가장 크게 안정해지는 원소는?

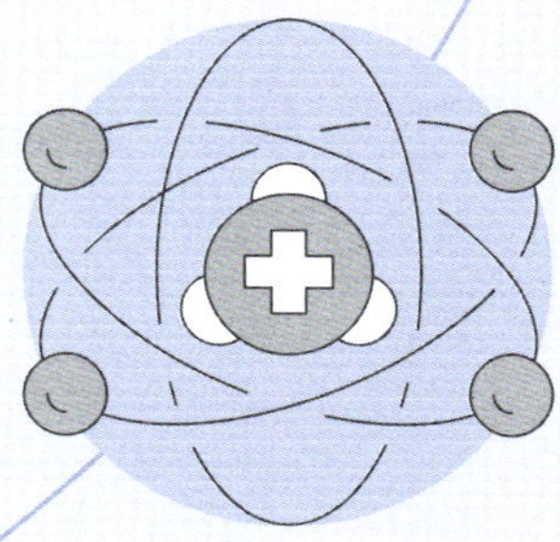

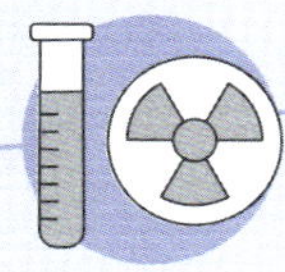

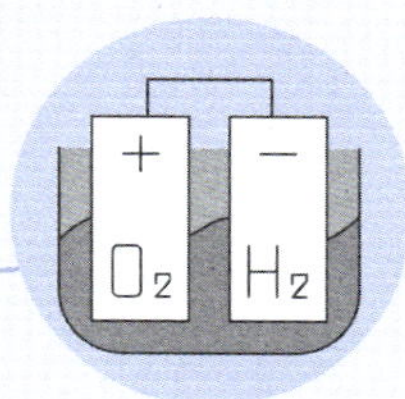
+
−
O2
H2

Chapter 4

화학결합과 분자의 모양

화학결합(chemical bond)은 분자 내부 또는 분자들 사이에 존재하는 다양한 형태의 인력(attractive force)을 가리키며 분자 내 결합(intramolecular force)과 분자간 인력(intermolecular attraction)으로 구분한다.

4-1 분자 내 결합

분자 내 결합은 분자를 구성하는 원자들 사이 또는 이온들 사이에 작용하는 힘이며 분자간 인력에 비해 그 강도가 상대적으로 강하다. 여기에는 이온결합(ionic bond), 공유결합(covalent bond), 배위공유결합(coordinated covalent bond), 금속결합(metallic bond)이 있다.

4-1-1 이온결합

이온결합은 양이온(cation)과 음이온(anion)이 정전기적(electrostatic) 인력[27]으로 결합하는 것이다. 따라서 이온결합력은 두 이온의 전하량 크기에 비례하고 이온간 거리의 제곱에 반비례한다. 즉, +1가 양이온 보다는 +2가와 +3가의 양이온이, −1가의 음이온 보다는 −2가 혹은 −3가의 음이온이 결합에 참여하면 결합력이 더 강해진다.

$$\text{이온결합력}(F) = k \cdot \frac{q_c \cdot q_a}{r^2} \qquad \text{식(4-1)}$$

여기서, k : 비례상수

q_c와 q_a : 각각 양이온과 음이온의 전하량

r : 이온 사이 거리

27) 쿨롱힘(Coulombic force)이라고 말하기도 한다.

이온결합을 형성하는 두 이온의 형태가 단원자이온(uniatomic ion)이면 이온결합은 항상 금속 원자와 비금속 원자 사이에서 이루어진다. 따라서 주기율표에서는 왼쪽에 있는 원소와 오른쪽에 있는 원소 사이의 결합이다.

$$Na^{+}\ (aq.) + Cl^{-}\ (aq.) \rightarrow NaCl\ (s)$$ 식(4-2)[28]

$$Ca^{2+}\ (aq.) + 2Br^{-}\ (aq.) \rightarrow CaBr_2\ (s)$$ 식(4-3)

$$Al^{3+}\ (aq.) + 3OH^{-}\ (aq.) \rightarrow Al(OH)_3\ (s)$$ 식(4-4)

이온결합으로 형성된 분자는 이온화합물(ionic compound)[29]이며 대표적인 예로서 염화소듐(NaCl)을 들 수 있다. 이온화합물은 일반적으로 녹는점(melting point)이 높은 편이며, 수산화물(hydroxides)[30] 등의 예외적 난용성염[31]을 제외하면 물과 같은 극성 용매(polar solvent)에 용해성도 좋아 다양한 전해질(electrolyte)[32]로 사용할 수 있다.

4-1-2 공유결합

공유결합은 전기적으로 중성인 원자끼리의 결합이며 원자가전자를 공유함으로써 형성되는 결합이다. 두 원자가 전기적으로는 중성이지만 결합하기 전 따로 존재하는 경우에 비해 결합 후 전체적인 안정성이 더 커진다는[33] 점이 공유결합을 유발하는 추진력(driving force)이다. 따라서 공유결합의 강도(strength)는 두 원자 간 공유하는 원자가전자의 개수[34]에 비례하며, 단일결합(single bond)뿐 아니라 이중결합(double bond)과 삼중결합(triple bond)과 같은 다중결합(multiple bond)을 할 수 있다는 점이 특징이다. 또한 공유결합은 중성 원자 간 결합이므로 비금속 원소와 비금속 원소 사이의 결합이며,

28) aq.는 수용액(aqueous), s (solid)는 고체 상태를 의미
29) 염(salt)이라고도 한다.
30) OH기와 결합된 화합물, 예로서 $Ca(OH)_2$ 등
31) 매우 녹기 어려운 염(very slightly soluble salt)
32) 용매와 만나면 쉽게 양이온과 음이온으로 분리되는 용질
33) 에너지가 더 낮아진다는
34) 원자가의 중첩율로 표현할 수 있다.

공유결합으로 생성된 공유화합물은 다이아몬드와 같이 강도가 크다.

공유결합을 형성하는 추진력이 에너지적 안정성 때문이라는 것은 팔전자규칙(octet rule)[35]에 따른 결과이다. 모든 원자는 원자가전자의 개수가 여덟 개일 경우가 가장 에너지적으로 낮은 (에너지적으로 안정한) 상태이며 그렇지 못한 경우에는 그렇게 되려고 한다는 것이 팔전자규칙이다. 다만 수소 원자는 두 개의 원자가전자를 가지면 에너지적으로 가장 안정한 상태가 된다. 구체적인 예로서 원자가전자를 각각 일곱 개씩 가진 두 원자는 한 개의 원자가전자를 서로 내어놓고 이를 공유하면 두 원자 모두 여덟 개의 원자가전자를 가질 수 있게 된다. 만약 원자가전자가 여섯 개밖에 없다면 이웃 원자와 각각 두 개씩의 원자가전자를 서로 내어놓고 이를 공유하면 팔전자규칙이 만족된다. 이같이 원자가전자들의 공유를 통해 결합이 형성되는 것을 설명하는 것이 원자가결합이론(valence bond theory, VBT)이다.

공유결합의 형성과 팔전자규칙을 설명하는데 필요한 모형이 루이스 기호(Lewis symbol)와 루이스 구조(Lewis structure)이다. 먼저 루이스 기호는 한 원자가 가진 원자가전자를 점(dot)으로 표시하여 그 원자의 원소기호 주위 네 방향에 표현한 것이다. 이와는 달리 루이스 구조는 공유결합에 참여한 모든 원자들의 원자가전자를 점으로 나타내고 공유된 전자(공유전자)는 한 쌍씩 결합을 의미하는 짧은 선분(line segment)으로 표현한다. 만약 두 쌍의 원자가전자를 공유한다면[36] 두 줄의 선분으로 표현한다. 루이스 구조에서는 공유결합에 참여하지 않은 전자 또는 전자쌍을 각각 비공유전자(nonbonding electron) 또는 비공유전자쌍(nonbonding electron pair)[37]이라고 한다. 루이스 구조에서는 비공유전자와 비공유전자쌍과 결합의 종류를 모두 표현해야 한다.

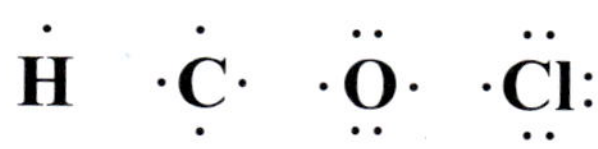

그림 4-1 루이스 기호

35) 옥텟(octet)규칙이라고도 한다.
36) 이중결합이라는 의미
37) 고립전자쌍(lone pair)이라 하기도 한다.

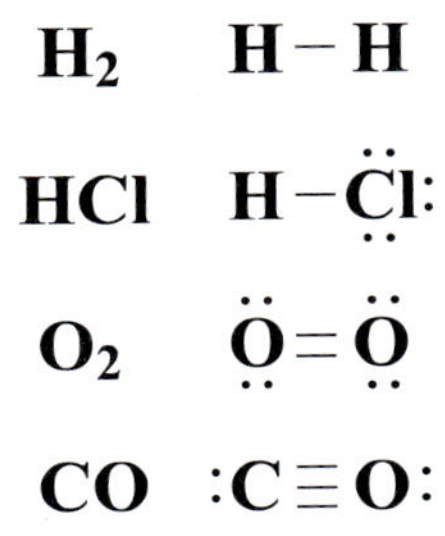

그림 4-2 루이스 구조

오존(ozone, O_3) 분자와 같이 일반적인 방법으로는 루이스 구조를 표현하기 어려운 경우도 있다. 이것은 루이스 구조가 두 개 이상 동시에 존재하는 형태이며 공명구조(resonance structure)라고 한다. 오존 이외도 이산화황(SO_2), 탄산이온(CO_3^{2-}), 벤젠(C_6H_6) 등이 대표적인 공명구조를 가진 분자들이다. 공명 구조는 팔전자규칙을 만족하기 때문에 공명 구조가 아닌 비대칭적 구조에 비해 에너지가 상대적으로 낮고[38] 화학적 안정성이 더 크다.

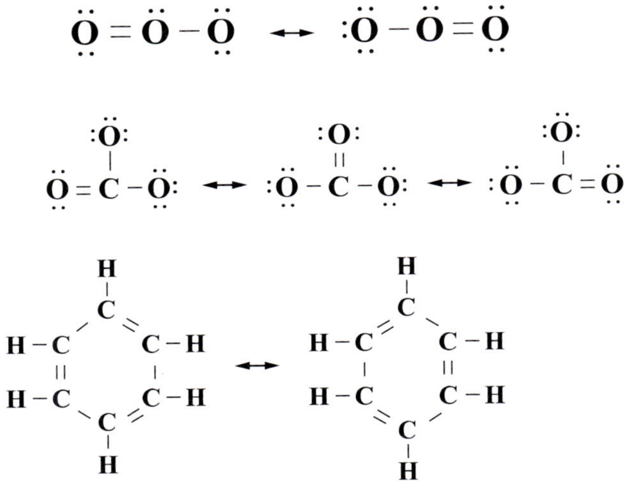

그림 4-3 공명 구조들

38) 공명에너지(resonance energy)라고 하며, 벤젠의 경우 36 kcal/mol이다.

팔전자규칙에도 예외는 있다. 수소 원자는 2개의 원자가전자로 가장 안정해지며, 베릴륨(Be)은 4개, 붕소(B)는 6개, 염소(Cl)는 10개, 황(S)은 12개일 때가 에너지적으로 가장 안정하다.

공유화합물 분자를 구성하는 원자들이 가진 각각의 이론적 전하를 형식전하(formal charge)라고 하며 루이스 구조를 통해 계산할 수 있다.

형식전하 = 원자가전자의 개수 − 결합의 개수 − 비공유전자의 개수　　식(4-5)

예제 4-1) 일산화탄소(CO) 분자 내 탄소(C) 원자의 형식전하는?

풀이) 그림 4-1과 그림 4-2에서 원자가전자의 개수, 결합의 개수, 비공유전자의 개수를 알 수 있다.

CO분자 내 C의 형식전하 = 4 − 3 − 2 = −1

정답) −1

공유결합에 참여한 전자들은 결합하는 두 원자간 거리의 절반인 곳에서 존재할 확률이 가장 높은 것은 아니다. 특히 종류가 서로 다른 두 원자가 공유결합을 형성한 경우에는 공유전자들이 전기음성도가 더 큰 원자 쪽으로 치우쳐 존재한다. 이것은 두 원자의 전기음성도 차이에 의한 것으로서 전자를 끌어당기는 힘이 원자마다 각각 다르기 때문이다. 이와 같이 공유화합물에서 분자 내 공간적 위치에 따라 서로 다른 전자밀도(electron density)를 나타내는 것이 극성공유결합(polar covalent bond)이다. 분자 내 전자밀도가 높은 부분의 전하는 δ^-로, 낮은 부분의 전하는 δ^+로 표기한다. 극성공유결합은 전기음성도가 서로 다른 두 원자의 공유결합 시 나타나며, 동일한 원소끼리의 공유결합에서는 원자 간 전기음성도의 차이가 없으므로 비극성공유결합을 하게 된다. 그러나 전기음성도가 서로 다른 원자들끼리의 결합에서도 이산화탄소(CO_2)와 같이 좌우대칭 구조[39)]이거나 삼플루오린화붕소(BF_3)와 같은 평면적 대칭 구조, 또는 메테인(CH_4)[40)] 분자와 같은 3차원적 대칭 구조이면 비극성공유결합이 가능하다. 극성공유결합의 대표적인 예로서 수소 원자와 플루오린 원자가 공유결합한 플루오린화수소(hydrogen fluo-

39) O=C=O 산소의 전기음성도가 탄소보다 크지만 좌우 대칭적 전자밀도로 비극성분자

40) 메탄(methane)이라고 말하기도 한다.

ride, HF) 분자를 들 수 있다. 수소의 전기음성도는 2.1이고 플루오린의 전기음성도는 4.0이다. 그러므로 플루오린화수소 분자는 플루오린원자 주위가 δ^-, 수소 원자 주위는 δ^+가 되는 극성분자가 된다.

공유결합의 세기는 결합길이(bond length)와 결합에너지(bond energy)[41]를 통해 알 수 있다. 결합길이는 결합을 형성한 두 원자(핵) 간 거리로서 짧을수록 결합력이 강하다. 결합에너지는 결합을 깨뜨리는데 필요한 최소 에너지로서 그 값이 클수록 결합력이 강하다. 동일한 탄소 원자 간 공유결합의 경우 단일결합(C－C)에 비해 이중결합(C＝C)이, 이중결합에 비해 삼중결합(C≡C)의 결합력이 상대적으로 강하다. 즉, 같은 종류의 원자 간 공유결합에서는 삼중결합의 경우가 결합길이는 가장 짧고 결합에너지는 가장 크다.

표 4-1 결합길이와 결합에너지

결합의 종류	평균 결합길이(Å)	평균 결합에너지(kJ/mol)
H－H	0.74	436
H－F	0.92	567
H－Cl	1.27	431
H－Br	1.42	366
C－C	1.54	348
C＝C	1.34	614
C≡C	1.20	839
O－O	1.48	146
O＝O	1.21	495
N－N	1.45	163
N＝N	1.25	418
N≡N	1.10	941

41) 결합엔탈피(bond enthalpy)라고 하기도 한다.

4-1-3 배위공유결합

배위공유결합은 공유결합의 특별한 한 형태이며 짧게 줄여서 배위결합이라 한다. 배위결합은 공유전자를 통해 결합한다는 점에서는 공유결합과 동일하다. 그러나 결합 시 두 주체가 서로 전자를 내놓은 후 공유하는 형태가 아니라 한쪽에서만 전자를 내놓은 후 이를 양쪽이 공유하는 점이 공유결합과 다르다. 배위결합에서 자신은 전자를 내어놓지 않고 상대방이 제공한 전자를 공유하기만 하는 물질은 대부분 금속(metal, M)이다. 그리고 공유에 필요한 전자를 일방적으로 제공하여 배위결합을 형성하는 화학종(chemical species)[42]을 리간드(ligand, L) 또는 배위자라고 한다. 즉, 배위결합은 일반적으로 금속과 리간드 사이의 결합이며 ML_n으로 표현할 수 있다. 배위결합에서는 특히 리간드의 개수가 배위화합물의 특성에 큰 영향을 끼치며 4개인 경우(ML_4 type)와 6개인 경우(ML_6 type)가 대표적이다.

$$M\,(\text{금속}) + n : L\,(\text{리간드}) \rightarrow ML_n\,(\text{배위화합물}) \qquad \text{식(4-6)}$$

배위화합물은 각각 고유한 색깔을 띠는 점이 특징이며, 이는 특정 파장의 가시광선을 흡수한 결과이다. 이런 가시광선의 흡수는 아래쪽 d궤도의 전자가 위쪽 d궤도로 이동하기 때문이다.[43] 금속의 d궤도는 바닥상태(ground state)에서 5개의 궤도가 동일한 에너지 준위에 있으나 공유전자로 사용될 전자쌍을 가진 리간드가 접근하면 바닥상태에 있던 5개의 d궤도가 동일한 에너지준위로부터 일부는 더 높아지고[44] 일부는 더 낮아지는 d궤도 분리(spritting)가 진행된다. 에너지가 바닥상태에 비해 더 올라가는 d궤도와 더 내려가는 d궤도는 모두 리간드들의 개수와 접근 방향에 의해 결정된다. 즉, 배위결합의 형성을 위해 접근하는 리간드와 동일한 방향에 있는 금속의 d궤도는 전자들 사이의 반발력으로 인해 에너지적으로 불안정하여 궤도의 에너지가 높아진다. 반면에 리간드의 접근 방향에서 벗어나 있는 d궤도는 원래 보다 에너지의 높이가 낮아지게 된다.

배위화합물의 형태 중 ML_6는 리간드의 개수가 여섯 개이므로 리간드끼리의 전자쌍반발력으로 인해 금속에 접근하는 방향이 세 개의 3차원 축[45]의 위쪽과 아래쪽 방향이다[46]. 따라서 금속이 가진 5개의 d궤도들 중 3차원 축 방향에 있는[47] 두 개의 d궤도[48]

42) 원자, 분자, 이온 등 다양한 화학적 단위체를 가리키는 용어
43) d-d 전이(d-d transition)라고 한다.
44) 에너지적으로 더 불안정해지고
45) x축, y축, z축

는 에너지가 더 높아지고, 나머지 세 개의 d궤도는 더 낮아지게 된다. 그러나 ML_4형 배위화합물은 리간드의 개수가 네 개이므로 리간드끼리의 전자쌍반발력으로 인해 금속에 접근하는 방향은 세 개의 3차원 축 사이 방향이다. 따라서 금속이 가진 5개의 d궤도들 중 3차원 축 사이 방향에 있는 세 개의 d궤도[49]는 에너지가 더 높아지고, 나머지 두 개의 d궤도는 바닥상태에 비해 더 낮아지게 된다.

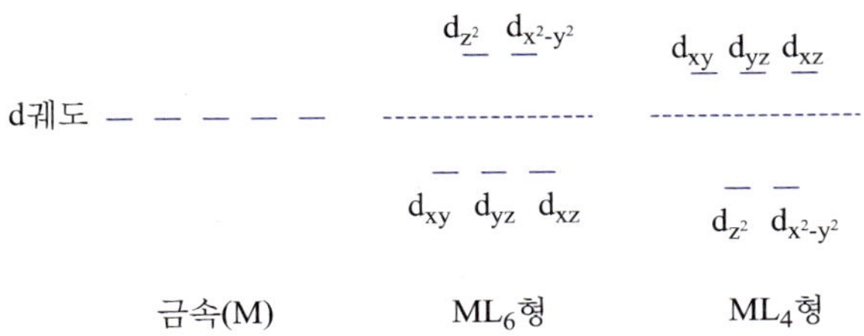

그림 4-4 ML_6형과 ML_4형 내 d궤도 갈라짐

배위결합에서 이러한 d궤도의 에너지 갈라짐을 리간드의 개수와 연관 지어 설명하는 것이 결정장이론(crystal field theory, CFT)[50]이다. 특히 금속이 금속 양이온일 때 리간드와의 배위결합으로 생성된 배위화합물을 착물(complex)이라고 부르며, 결정장 이론을 분자궤도와 연결하여 배위결합의 과정을 설명하는 방법(또는 모형)을 리간드장 이론(ligand field theory, LFT)이라고 한다.

또한 금속의 d궤도 갈라짐의 정도는 리간드의 종류에 의해 결정되며 그 에너지의 크기는 Δ 로 표기한다. 갈라진 d궤도 사이의 에너지차이(Δ)를 크게 만드는 리간드들로는 CO (카르보닐), CN^- (시아노), NO_2^- (아질산) 등이 있고, 중간 정도의 리간드는 NH_3 (암민), H_2O (아쿠오) 등이 있으며, 작게 하는 것들로는 I^- (아이오딘), S^{2-} (황), NO_3^- (질산), OH^-(히드록소) 등의 리간드가 있다.[51] 결정장 분리(Δ)가 큰 경우에는 아래쪽 d궤도에서 위쪽 d궤도로 전자의 이동이 어려우므로 같은 d궤도임에도 불구하고 아래쪽 궤도에 모두 짝을 이루어 채운 후 위쪽으로 전자가 채워지기 시작한다. 그러나 결정장

46) 배위화합물의 모양이 정팔면체와 같아서 팔면체장이라고 하기도 한다.
47) 그림 2-2 참조
48) d_{z^2}과 $d_{x^2-y^2}$
49) d_{xy}, d_{yz}, d_{xz}
50) 배위화합물의 생성 형태가 정팔면체와 정사면체 등의 결정 형태라고 붙여진 명칭
51) 괄호 ( ) 안 명칭은 리간드명

분리가 작을 경우 훈트의 규칙이 적용되어 아래쪽 궤도와 위쪽 궤도가 모두 위치와 상관없이 한 개씩의 전자들이 먼저 채워진 후 짝을 이루게 된다. 짝짓지 못한 궤도가 많은 것을 높은 스핀(high spin) 상태라 하고 짝을 지어 채워진 궤도가 많은 것은 낮은 스핀(low spin)이라 한다. 결국 결정장 분리가 크면 낮은 스핀 상태가 되고 결정장 분리가 작으면 높은 스핀 상태의 배위화합물이 생성된다.

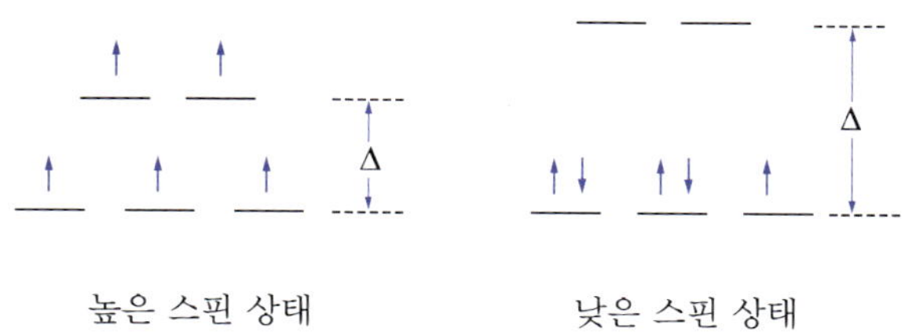

그림 4-5 결정장 내 높은 스핀과 낮은 스핀

4-1-4 금속결합

금속결합은 금속 양이온과 자유전자(free electron) 사이의 정전기적 인력에 의해 형성되는 결합이다. 자유전자는 특정 원자 또는 핵에 소속되지 않고 물체 내 임의 공간으로 무제한적 이동이 가능한 전자들이다. 만약 이 자유전자들이 규칙적으로 배열된 금속 격자점 사이로 지나가게 되면 양하전된 금속과 음전하를 띤 전자들 사이에 인력이 형성

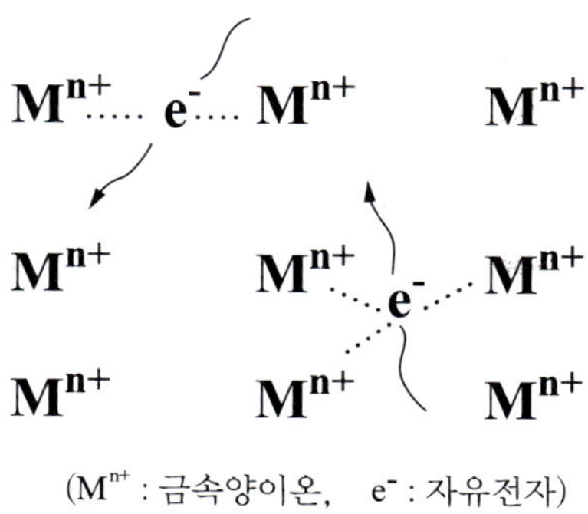

그림 4-6 금속결합의 생성

된다. 결국 전자를 중심으로 금속과 전자, 전자와 다른 금속 사이에 유기적인 인력이 작용한 것이 금속결합이다.

분자 내 결합에 속하는 네 종류의 결합들을 두 부류로 크게 분류하면, 이온결합과 금속결합은 이온결합적인 결합들이고, 공유결합과 배위(공유)결합은 공유결합적인 결합이라 할 수 있다. 그러나 분자 내 일반적인 결합들은 복합적 성격을 가지는 경우가 많으며 염화수소(HCl) 분자도 80% 정도의 공유결합성과 20% 정도의 이온결합성이 함께 작용하여 결합이 생성된다.

4-2 분자간 인력

분자간 인력[52)]은 쌍극자－쌍극자 상호인력(dipole-dipole interaction), 수소결합(hydrogen bond), 런던힘(London force)의 세 종류가 있다. 또한 분자간 인력은 인력의 세기가 형태별로 차이가 크고, 그중 가장 강한 힘을 나타내는 수소결합도 평균적인 강도가 분자 내 결합인 공유결합에 비해 5% 이하이다. 기체와 액체의 근본적 차이점은 여러 가지가 있지만 그중 가장 큰 것은 분자간 인력의 여부이다. 따라서 분자간 인력이 작용하면 액체상으로 존재하지만 분자간 인력이 분자 사이에 거의 작용하지 못하면 기체상으로 존재하게 된다.

4-2-1 쌍극자 - 쌍극자 상호인력

쌍극자(dipole)는 한 분자 내 부분적으로 두 개의 반대되는 전하가 있는 극성분자이다. 따라서 쌍극자－쌍극자 상호인력은 영구적인 극성분자와 영구적인 극성분자 사이에

52) 넓은 의미의 반데르발스힘(Van der Waals force)으로 표현하기도 함.

존재하는 약한 인력이다. 영구적인 쌍극자는 분자를 구성하는 원자들의 특성과 공간적 배열에 따라 형성된다. 한 분자 내에서 부분적으로 음전하를 띠는 것(δ^-)은 분자의 내부 구조상 그 공간에서 전자들의 밀도가 상대적으로 높음을 의미한다. 이것은 분자가 생성될 때부터 형성된 것이므로 영구적이다. 반면에 양전하를 띠는 부분(δ^+)은 분자 내 다른 공간에 비해 상대적으로 전자밀도가 낮은 곳이다. 따라서 전자밀도가 낮으므로 핵의 양전하가 더 많은 영향을 주게 되어 분자 내부적으로 부분적인 양전하를 나타낸다. 그림 4-7에서 짙은 음영 부분의 전자구름은 상대적으로 높은 전자밀도를 표현한 것이며 두 쌍극자 사이의 점선 부분은 상호인력을 나타낸 것이다. 쌍극자-쌍극자 상호인력의 강도는 대부분 분자 내 결합의 분극율(polarizability)[53]에 비례한다.

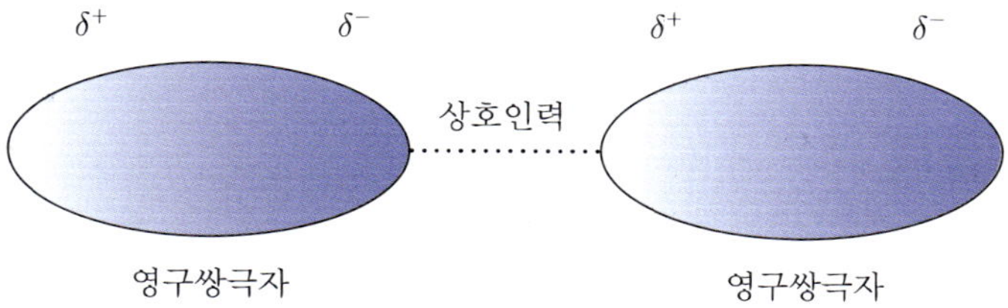

그림 4-7 쌍극자-쌍극자 상호인력

4-2-2 수소결합

수소결합은 쌍극자-쌍극자 상호인력의 한 종류이지만 분자 내 수소 원자가 있는 경우로서 다른 쌍극자-쌍극자 상호인력에 비해 그 힘이 상대적으로 강하다는 특징이 있다. 수소결합이 분자 간 인력들 중 가장 강한 힘을 나타내는 원인은 분자 내 수소 원자와 결합하는 원자들이 모두 전기음성도가 큰 원자들이기 때문이다. 따라서 이런 원자들이 수소 원자와 결합할 때에는 전기음성도 차이에 따른 강한 극성공유결합을 형성한다. 수소결합을 보여주는 대표적인 분자들로서는 플루오린화수소(HF)와 물(H_2O)을 들 수 있는데 플루오린 원자와 산소 원자는 원자들 중에서 전기음성도가 큰 원소들이며 그 값이 각각 4.0과 3.5이고, 수소 원자는 2.1이다.

53) +극과 -극으로 분리되는 비율

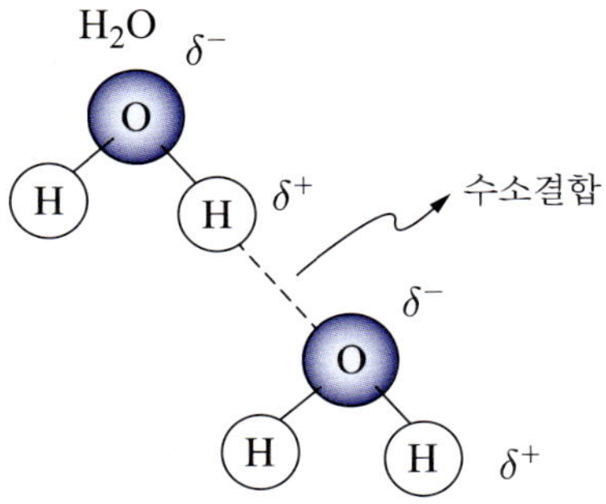

그림 4-8 물분자의 수소결합

4-2-3 런던힘

런던힘[54)]은 비극성분자와 비극성분자 사이에 존재하는 유일한 인력이며 그 세기가 분자간 인력 중 가장 약하다. 액체 상태의 기름이 물에 비해 증발하는 속도가 훨씬 빠른 것은 액체이지만 분자간 인력이 상대적으로 약하기 때문이다. 이런 비극성화합물 분자 사이의 인력이 런던힘이다. 비극성분자들은 분자 자체에 영구적인 쌍극자가 존재하지 않는다. 따라서 분자들 사이에도 정전기적인 인력이 구조적으로는 있을 수 없다. 그러나 분자 내부에 존재하는 전자들의 이동과 분자를 구성하는 원자들의 진동(oscillation)운동 등을 통해 순간적인 전자분포의 비대칭 현상이 발생될 수 있다. 이 상태의 분자를 순간쌍극자(instaneous dipole)라고 한다. 또한 순간쌍극자가 생겨나는 순간 가장 인접한 비극성분자는 순간쌍극자에 의해 영향을 받은 쌍극자를 형성하는데, 이를 유도쌍극자(induced dipole)라고 한다. 결국 런던힘은 비극성분자들 간 존재하는 순간쌍극자와 유도쌍극자 사이의 약한 인력이다.

런던힘의 크기는 분자 내 전자들의 개수에 비례하므로 런던힘이 유일한 분자간 인력인 탄화수소 분자의 경우 분자 내 탄소 원자의 개수에 비례하여 끓는점도 높다. 원유로부터 분별증류(fractional distillation)[55)]를 통해 분리하는 가솔린은 주성분의 탄소 개수가 중유와 윤활유에 비해 작아서 상대적으로 낮은 온도의 끓는점을 나타낸다.

54) 분산력이라고도 한다.

55) 액체상 혼합물로부터 끓는 온도의 차이를 통해 순물질을 분리하는 증류법

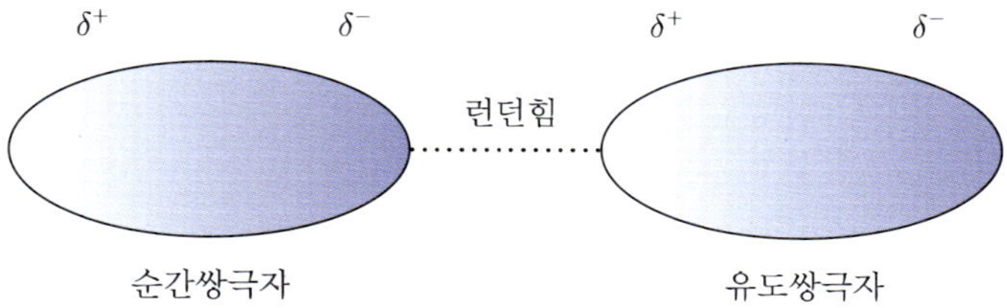

그림 4-9 비극성분자들의 런던힘

4-3 혼성궤도

혼성궤도(hybrid orbital)는 s, p, d, f 등의 궤도들이 각각의 고유한 형태와 에너지 높이를 유지하지 않고 서로서로 섞여서 형성된 궤도들이다. 혼성궤도는 혼성된 궤도의 종류에 따라 여러 종류의 궤도들이 생길 수 있으나 대표적인 궤도로는 sp, sp^2, sp^3, dsp^3, d^2sp^3 등이 있다. sp혼성궤도는 s궤도와 p궤도가 각각 50%씩 반영된 형태와 에너지준위를 가진다. 이는 s궤도와 p궤도가 외형적으로 공 모양(s궤도)도 아니고 아령 모양(p궤도)도 아닌 독특한 모양으로 섞일 뿐만 아니라 에너지도 상대적으로 낮은 s궤도와 상대적으로 높은 p궤도의 중간 높이에 두 개의 sp혼성궤도가 형성되는 형태이다. 이를 s특성(s character)과 p특성(p character)이 혼성되었다고 표현한다. s궤도 한 개와 p궤도 한 개가 섞여져 만들어진 sp혼성궤도는 전체적으로 두 개가 형성된다. 다른 혼성궤도들도 이러한 형태로 궤도들의 혼성이 진행된다.

메테인(CH_4) 분자 내 탄소 원자가 4개의 수소 원자와 공유결합을 형성하기 위해 준비하는 4개의 원자궤도가 sp^3혼성궤도이다. 이 과정을 통해 혼성궤도의 생성을 대표적으로 살펴보자.

탄소 원자가 4개의 수소 원자와 공유결합을 형성하기 위해서는 짝짓지 않은(unpaired) 전자로 채워진 동일한 조건의 원자궤도가 4개 필요하다. 그러나 원자번호가 6번인 탄소(C) 원자의 바닥상태 전자배치는 $1s^22s^22p^2$이므로 공유결합에 참여할 수 있는 4개의 원자가전자(valence electron)들[56] 중 2s의 전자들은 이미 짝을 짓고 있다. 따라서 수소와 공유결합을 형성할 수 있는 탄소의 원자궤도는 짝짓지 않은 두 개의 2p궤도뿐이다. 그러므로 2s궤도와 2p궤도에 있는 4개 원자가전자들은 동일한 에너지 높이와 동일한 외형을 가진 4개의 혼성궤도를 형성하게 된다.

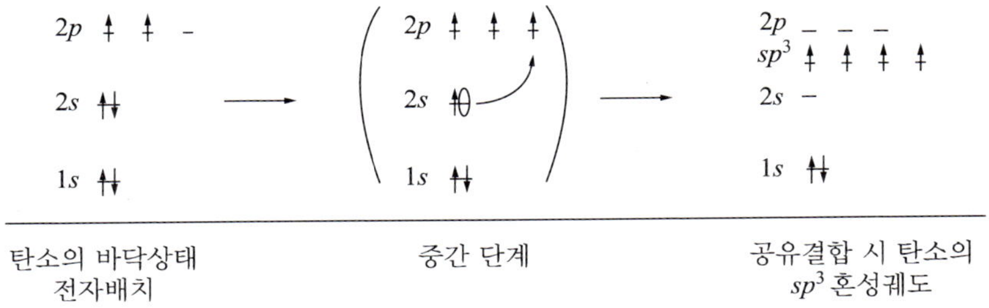

그림 4-10 메테인 분자 내 탄소 원자의 sp^3혼성궤도

혼성궤도는 공유결합의 개수에 따라 중심 원자의 결합원자궤도들도 동일한 개수의 혼성궤도를 가지게 된다. 또한 공유결합에 참여하는 혼성궤도의 개수에 따라 분자의 공간적 모양도 대부분 결정된다.

표 4-2 혼성궤도의 특성과 분자 모양

종류	특성	분자 모양	대표적 예
sp	s 50%, p 50%	선형	BeH_2의 Be
sp^2	s 33%, p 66%	평면삼각형	BF_3의 B
sp^3	s 25%, p 75%	정사면체	CH_4의 C
dsp^2	s 20%, p 60%, d 20%	삼각쌍뿔	PCl_5의 P
dsp^3	s 17%, p 50%, d 33%	정팔면체	SF_6의 S

56) L껕질(n = 2)이 원자가이므로 $2s^2 2p^2$의 4개 전자

4-4 분자의 모양(VSEPR이론)

분자들의 모양은 다양하지만 공유결합으로 이루어진 화합물들은 구성 원자 주변의 전자쌍들이 서로 반발함으로써 다섯 종류의 특징적인 형태를 이룬다. 이를 설명하는 것이 원자가껍질전자쌍반발(valence shell electron pair repulsion, VSEPR)이론이다. 공유화합물을 형성하는 원자들은 각각의 원자가에 공유전자쌍[57]과 비공유전쌍[58]의 두 종류 전자쌍을 가질 수 있다. 이런 전자쌍들은 서로 간 반발하므로 이것을 최소화하는 방향으로 전자쌍들은 공간적 배향을 갖게 된다.

만약 결합의 중심에 있는 원자 주변에 결합전자쌍이 두 개 있을 경우[59] 전자쌍 사이의 반발력을 가장 작게 하는 방법은 중심 원자를 기준으로 전자쌍의 방향이 서로 반대되는 직선적인 배열(linear)을 하는 것이다. 따라서 결합각(bond angle)은 180°를 이룬다. 만약 공유결합하는 중심 원자 주변에 세 개의 전자쌍이 존재한다면[60] 원자가껍질전자쌍반발이론은 기본적으로 결합각이 120°인 평면삼각형(trigonal planar)의 분자 구조를 제시한다. 원자가껍질전자쌍반발이론은 전자쌍의 반발력을 가장 작게 하는 구조로서 전자쌍이 네 개의 경우에는 결합각이 109.5°의 정사면체(tetrahedral, Td)를, 전자쌍이 다섯 개인 경우는 결합각이 90° 및 120°를 가지는 삼각쌍뿔(trigonal bipyramid, tbp) 구조를, 전자쌍이 여섯 개인 경우는 결합각이 90°와 180°인 정팔면체(octahedral, Oh) 구

표 4-3 VSEPR이론과 공유화합물의 모양

전자쌍 개수	분자 모양	결합각	대표적 예
2	선형	180°	BeH_2
3	평면삼각형	120°	BH_3
4	정사면체	109.5°	CH_4
5	삼각쌍뿔	90°, 120°, 180°	PCl_5
6	정팔면체	90°, 180°	SF_6

57) 공유결합을 형성하는 전자쌍(= 결합전자쌍, bonding electron pair, b.p)
58) 공유결합과 무관한 전자쌍(nonbonding electron pair, 고립전자쌍, lone pair, l.p)
59) AB_2형(A : 중심원자, B : bonding pair, 결합전자쌍)이라고 함.
60) 결합전자쌍(b.p) 또는 비공유전자쌍(l.p)

조를 제시한다.

원자가껍질전자쌍반발이론은 공유화합물 내 중심 원자 주변의 전자쌍을 결합전자쌍(b.p)과 고립전자쌍(l.p)으로 구분한다. 그러므로 동일한 개수의 전자쌍 사이의 반발력에서도 전자쌍의 종류에 따라 약간의 차이가 있는 결합각을 형성한다. 전자쌍들의 반발력은 비공유전자쌍과 비공유전자쌍 사이(l.p – l.p)의 반발력이 상대적으로 가장 크고, 비공유전자쌍과 공유전자쌍 사이(l.p – b.p)가 공유전자쌍과 공유전자쌍 사이(b.p – b.p)보다 반발력이 더 크다.

반발력의 크기
l.p – l.p > l.p – b.p > b.p – b.p

이를 전자쌍의 개수가 동일한 분자들에 대해 적용해보면 실제적으로 결합각의 차이를 볼 수 있다. 메테인(CH_4), 암모니아(NH_3), 물(H_2O) 세 분자는 모두 중심 원자 주변의 전자쌍의 개수가 4개라는 공통점이 있다. 다만 결합전자쌍과 비공유전자쌍의 개수가 서로 다르며 각각 AB_4형[61], AB_3L형[62], AB_2L_2형이다. 전자쌍 종류에 따른 반발력의 차이를 고려하면 세 분자는 아래와 같은 결합각의 차이를 나타낸다.

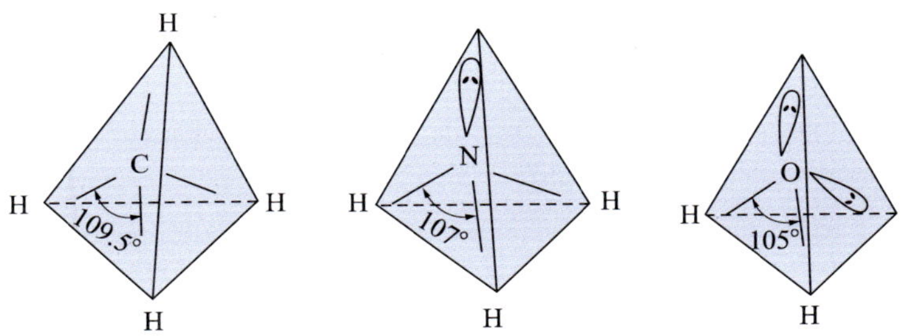

그림 4-11 CH_4, NH_3, H_2O 분자의 결합각

61) AB_4형[1개의 중심원자(A)와 4개의 결합전자쌍(B)]

62) AB_3L형[1개의 중심원자(A)와 3개의 결합전자쌍(B) 및 1개의 고립전자쌍]

4-5 분자궤도

분자궤도(molecular orbital, MO)는 분자를 구성하는 전자궤도들로서 분자 내 원자들이 가진 원자궤도(atomic orbital)들의 중첩과 반발로 인해 생긴 새로운 궤도이다. 분자궤도는 크게 결합궤도(bonding orbital)와 반결합궤도(antibonding orbital)로 구분한다. 결합궤도는 결합을 형성하는 궤도로서 원자궤도에 비해 더 낮은 에너지준위를 가진다. 그러나 반결합궤도는 결합 시 전자들의 반발력으로 인해 에너지준위가 원자궤도에 비해 더 높아진다. 또한 분자궤도는 결합하는 방식에 따라 시그마결합(σ bond)과 파이결합(π bond)으로 구분한다. 시그마결합은 공유결합 시 원자궤도들의 직접적인 중첩에 의해 생긴[63] 결합이지만 파이결합은 평행된 원자궤도들 사이에서 간접적 연결[64]로 인해 생성된 분자궤도이다. 예로서 두 개의 1s 원자궤도로부터 형성되는 분자궤도는 결합궤도인 σ_{1s} 분자궤도와 반결합궤도인 σ_{1s^*}분자궤도이다.

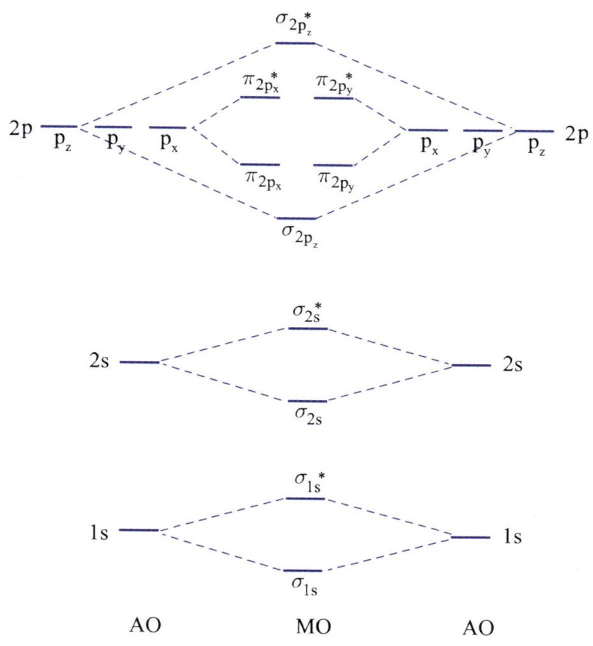

그림 4-12 2주기 원자 구성 분자 내 분자궤도

63) z축 방향의 원자가겹침에 의해 생성

64) x축과 x축 또는 y축과 y축 사이에 형성

2주기 원소들 간의 결합으로 형성된 분자 내 분자궤도들은 그림 4-11과 같이 구성되며, 분자 내 존재하는 모든 전자들이 그 개수에 따라 아래쪽 분자궤도로부터 위쪽으로 순서대로 채워진다. 동일한 에너지준위에 두 개 이상의 분자궤도가 있으면 각각의 궤도에 전자가 한 개씩 먼저 채워진 후 짝을 지으며 들어간다.

분자궤도 내 결합궤도와 반결합궤도는 에너지적으로 같은 크기를 가지지만 부호가 반대이다. 따라서 두 궤도에 동일한 개수의 전자가 채워지면 서로 간 에너지적 상쇄작용으로 인해 결합이 형성될 수 없다.

물질이 자기적(magnetic) 성질을 띤 경우를 상자성(paramagnetic)이라 하며, 이는 그 물질을 이루는 성분 분자가 가지는 여러 개의 분자궤도들 중에서 최소한 한 개 이상의 궤도에서 짝짓지 못한 전자가 들어있는 경우이다. 모든 분자궤도가 모두 두 개씩의 전자로 짝을 지어 채워져 있는 물질은 자성이 전혀 없는 반자성(diamagnetic)을 나타낸다.

예제 4-2) 산소(O_2)분자의 상자성 여부와 결합의 종류를 밝히시오.

풀이) 산소 원자의 원자번호가 8이므로 산소분자 내 전자의 총 개수는 16개. 이 16개의 전자를 그림 4-12의 분자궤도에서 아래쪽부터 훈트의 규칙에 따라 채워 넣으면 맨 위 궤도는 $\pi_{2p_x^*}$ 궤도와 $\pi_{2p_y^*}$ 궤도에 각각 한 개씩의 전자가 들어있는 상태가 된다. 짝짓지 못한 전자가 있으므로 상자성이며, π_{2p_x} 및 π_{2p_x}에 있는 4개의 전자를 대칭적인 위치에 있는 $\pi_{2p_x^*}$와 $\pi_{2p_y^*}$에 있는 2개의 전자와 서로 상쇄시키면 2개의 전자만 남게 된다. 따라서 에너지적으로 서로 대칭적인 궤도들끼리 상쇄되지 않고 남아있는 분자궤도의 전자는 분자 내 전체적으로 π_{2p_x} 및 π_{2p_y}에 있는 2개의 전자와 σ_{2p_z}에 있는 2개의 전자들뿐이다. 두 개의 전자는 한 개의 결합을 형성할 수 있으므로 산소분자의 결합은 σ 결합 한 개와 π 결합 한 개로 구성된 이중결합이다.

정답) 상자성, 이중결합(1개의 σ 결합과 1개의 π 결합)

Chapter 4 연습문제

1. $CaCl_2$ 분자에 존재하는 분자내 결합의 종류는 무엇인가?

2. 이산화탄소(CO_2) 분자 내 산소 원자의 형식전하는 얼마인가?

3. 플루오린화수소(HF) 분자들 사이와 물(H_2O) 분자들 사이 중 수소결합이 더 강한 것은?

4. ML_4형 배위화합물에서 결정장분리로 생긴 아래쪽 d궤도는 몇 개 인가?

5. 액체 상태의 휘발유(gasoline)에 존재하는 분자간 인력의 종류는 무엇인가?

6. BF_3 분자 내 붕소(B) 원자가 공유결합하는 원자궤도의 종류는 무엇인가?

7. NH_4^+ 이온의 결합각도는 얼마인가?

8. AB_2L_2형 공유화합물의 입체적 모양은 약하게 변형된 (○○○○)이다.

9. σ 결합과 π 결합 중 분자궤도 내 에너지 분리가 상대적으로 더 큰 것은?

10. 일산화탄소(CO) 분자의 상자성 여부와 결합의 종류는?

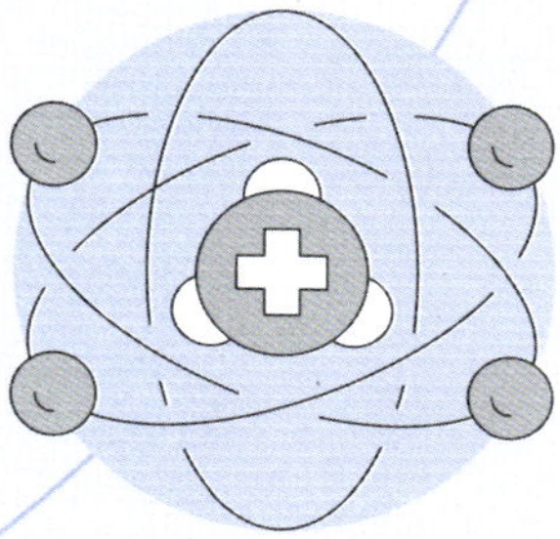

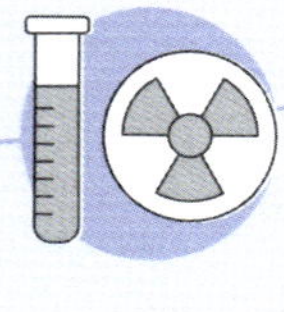

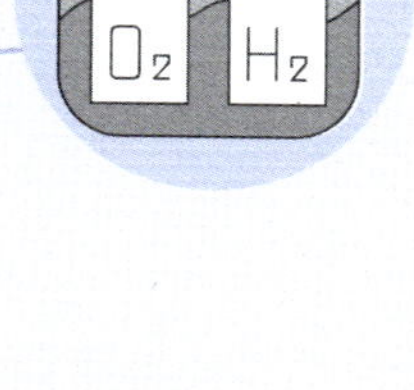

+
−
O_2
H_2

Chapter 5

물질의 이름

물질들의 이름을 결정하는 방법은 분자를 구성하는 성분들의 종류와 분자 내 결합의 형태에 따라 달라진다. 성분에 따른 분자의 종류는 크게 무기화합물과 유기화합물로 구분할 수 있으며 이외도 고분자 중합체 등이 있다. 결합하는 형태로는 무기화합물의 경우 이온화합물, 공유화합물, 배위화합물로 나누며, 유기화합물의 경우에는 사슬형화합물과 고리형화합물로 구분하고, 또 다른 방법으로서 기능기에 따른 명명법이 있다.

5-1 무기화합물 명명법

무기화합물(inorganic compound)은 유기화합물이 아닌 분자를 의미한다. 즉, 유기화합물을 구성하는 대표적 원자인 탄소(C)와 수소(H)가 분자를 구성하는 주성분이 아닌 화합물이다. 예로서 염화소듐(NaCl), 탄산칼슘($CaCO_3$), 암모니아(NH_3) 등은 분자를 형성하는 주된 원자가 탄소와 수소가 아니므로 무기화합물이다.

5-1-1 이온화합물 명명법

이온화합물(ionic compound)은 이온결합으로 생성된 화합물이므로 이온들의 이름을 따라 화합물의 이름도 결정된다.

이온결합은 양이온과 음이온 사이의 결합이지만 이성분 화합물(binary compound)의 경우 양이온은 대부분 금속이며 음이온은 비금속이다. 또한 세 종류 이상의 원소가 포함된 이온결합은 대부분 다원자이온(polyatomic ion) 형태의 결합이다. 그러나 모든 이온화합물의 명명법은 결합형태와 무관하게 몇 가지 기준에 의해 동일하게 적용된다.

첫째, 한글명은 음이온 이름과 양이온 이름을 분리하여 부르되 음이온 이름을 먼저 '화'를 붙여서 부르고, 그 다음에 양이온 이름을 불러주면 된다. 예로서 NaCl의 경우, Na가 금속 양이온(Na^+)이고 Cl이 비금속 음이온(Cl^-)이다. 그러므로 원소를 의미하는

‘소’를 염소로부터 뗀 후 ‘화’를 붙여 ‘염화’라고 한 뒤, 소듐을 붙이면 ‘염화소듐’이라는 이름이 완성된다. 영어 명명법은 금속 양이온을 먼저 불러준다는 점에서 한글 명명법과 순서가 반대이다. 즉, 금속 양이온인 ‘sodium’을 먼저 말한 뒤 음이온 이름인 ‘chloride’를 붙여서 ‘sodium chloride’라고 하면 된다. 원소의 이름이 ~ine로 끝나는 비금속 원소들은 음이온의 경우 ~ide로 어미가 변한다.

둘째, 이온화합물의 전체 전하는 항상 0이 되어야 하므로[65] 결합한 이온들의 개수는 표현하지 않아야 한다. 예로서 $CaCl_2$는 ‘이염화칼슘’이 아니라 ‘염화칼슘’이다. 칼슘은 +2가의 양이온이므로 −1가인 염소 음이온은 당연히 두 개가 결합해야 분자 전체가 전기적으로 중성이 될 수 있다. 따라서 당연한 이온의 개수는 이온화합물의 이름에 표현하지 않는다.

표 5-1 이온들의 명칭

양이온(cation)		음이온(anion)	
H^{+}	수소이온(hydrogen ion)	H^{-}	수소음이온(hydride ion)
Na^{+}	소듐이온(sodium ion)	O^{2-}	산소이온(oxide ion)
K^{+}	포타슘이온(potassium ion)	N^{3-}	질소이온(nitride ion)
Ca^{2+}	칼슘이온(calcium ion)	Cl^{-}	염소이온(chloride ion)
Mg^{2+}	마그네슘이온(magnesium ion)	CN^{-}	시안이온(cyanide ion)
Al^{3+}	알루미늄이온(aluminium ion)	OH^{-}	수산이온(hydroxide ion)
Fe^{2+}	제1철이온[iron(II) ion]	NO_3^{-}	질산이온(nitrate ion)
Fe^{3+}	제2철이온[iron(III) ion]	CO_3^{2-}	탄산이온(carbonate ion)
Cu^{+}	제1구리이온[copper(I) ion]	SO_4^{2-}	황산이온(sulfate ion)
Cu^{2+}	제2구리이온[copper(II) ion]	PO_4^{3-}	인산이온(phosphate ion)
Sn^{2+}	제1주석이온[tin(II) ion]	MnO_4^{-}	과망간산이온(permanganate ion)
Sn^{4+}	제2주석이온[tin(IV) ion]	$Cr_2O_7^{2-}$	중크롬산이온(dichlomate ion)
Pb^{2+}	제1납이온[lead(II) ion]	ClO_4^{-}	과염소산이온(perchlorate ion)
Pb^{4+}	제2납이온[lead(IV) ion]	ClO_3^{-}	염소산이온(chlorate ion)
H_3O^{+}	히드로늄이온(hydronium ion)	ClO_2^{-}	아염소산이온(chlorite ion)
NH_4^{+}	암모늄이온(ammonium ion)	ClO^{-}	하이포아염소산이온(hypochlorite ion)

65) 이온화합물 분자는 전체가 전기적인 중성이므로

셋째, 전이금속은 두 개 이상의 전하를 가지므로 전하의 크기를 괄호 속에 로마숫자로 표기하거나, 산화상태를 작은 것부터 큰 순서로 제1, 제2 등[66]의 서수로 나타낸다.

예로서 $Fe(OH)_2$와 $Fe(OH)_3$의 이름을 비교해 보자. 수산 이온(OH^-)의 전하가 −1가이므로 2개의 수산기와 이온결합한 철이온(Fe^{2+})의 전하는 +2이며, 3개의 수산기와 결합한 철이온(Fe^{3+})은 +3가이다. 그러므로 각각의 명명법은 두 가지 모두 가능하다.

$Fe(OH)_2$: 수산화철(II), 수산화제1철, Iron(II) hydroxide
$Fe(OH)_3$: 수산화철(III), 수산화제2철, Iron(III) hydroxide

예제 5-1) 다음 이온화합물들을 한글명 및 영어명으로 명명하시오.

a) $Al_2(SO_4)_3$　　b) CaF_2　　c) PbO_2
d) $K_2Cr_2O_7$　　e) NH_4ClO_2

풀이) a) Al은 +3가의 알루미늄 양이온이고 SO_4는 −2가의 황산 음이온이므로 황산알루미늄, aluminium sulfate

b) Ca는 +2가의 칼슘 양이온이고, F는 −1가의 음이온(fluoride)이므로 플루오린화칼슘, calcium fluoride

c) Pb (lead)가 −2가인 산소 음이온(O^{2-}) 두 개와 결합했으므로 Pb (lead)는 +4가의 제2납이다. 산화납(IV), 산화제2납, lead(IV) oxide

d) K는 +1가의 포타슘(potassium) 양이온이고 Cr_2O_7은 −2가의 중크롬산이온(dichlomate)이므로 중크롬산포타슘, potassium dichlomate

e) NH_4는 +1가의 암모늄(ammonium) 이온이고 ClO_2는 −1가의 아염소산 이온(chlorite)이므로 아염소산암모늄, ammonium chlorite

정답) a) 황산알루미늄, aluminium sulfate

b) 플루오린화칼슘, calcium fluoride

c) 산화납(IV), 산화 제2납, lead (IV) oxide

d) 중크롬산포타슘, potassium dichlomate

e) 아염소산암모늄, ammonium chlorite

이온화합물의 특별한 한 형태로서 산(acid)의 명명법을 알아보자. 산의 한글명은 산 분자 내 공통적으로 들어있는 수소 이온(H^+)과 이온결합한 음이온의 이름(표 1-1 참조)

66) 한글로 제일 또는 제이라고 해도 된다.

이 중요하다. 즉, 염소이온이 결합된 HCl은 염산이고, 황산이온(SO_4^{2-})이 결합된 H_2SO_4는 황산이다. 또한 아질산이온(NO_2^-)이 결합된 HNO_2는 아질산이며 하이포아염소산이온($HClO^-$)이 결합된 HClO는 하이포아염소산이다. 그러나 영어명은 음이온의 영어 이름에 따라 세 종류의 어미변화가 있다. 즉, 음이온 이름이 ~ide로 끝나면 hydro ~ic acid로, ~ate로 끝나면 ~(r)ic acid로[67], ~ite로 끝나면 ~(r)ous acid로 바꾼다. 예로서 HCl은 ~ide로 끝나는 염소이온(chloride ion, Cl^-)이 음이온이므로 영어명은 hydrochloric acid이다. HNO_3는 질산이온(nitrate ion, NO_3^-)이 ~ate로 끝나므로 nitric acid이고, $HClO_2$는 끝이 ~ite로 끝나는 아염소산이온(chlorite ion, ClO_2^-)이 있기에 영어명은 chlorous acid이다.

5-1-2 공유화합물 명명법

공유화합물의 명명법은 한글명과 영어명이 모두 이온화합물 명명법과 대체로 유사하나 뚜렷한 한 가지 차이점은 공유결합을 형성하는 원자들의 개수를 표현한다는 점이다. 특히 영어명의 경우에는 개수의 명칭이 다음과 같이 독특하다.

1 : mono	2 : di	3 : tri	4 : tetra	5 : penta
6 : hexa	7 : hepta	8 : octa	9 : nona	10 : deca

단, 영어명에서 이중모음일 경우에는 알파벳 'o'로 줄여서 표기하며, 한글명에서 뒤에 오는[68] 원자의 개수가 1개일 경우에는 '일'(=mono) 이라는 개수를 생략할 수 있다. 예로서 CO_2는 '이산화일탄소'가 아니라 '이산화탄소'이다.

예제 5-2) 다음 공유화합물들의 이름을 한글명과 영어명으로 명명하시오.

a) CO b) N_2O

c) P_2O_5 d) SF_6

67) 황산이온(sulfate ion)처럼 ~ate로 끝나지만 r이 없는 경우 r을 넣어서 sulfuric acid라고 한다.

68) 영어명에서는 앞에 오는

풀이) a) 탄소(carbon, C)와 산소(O)가 각각 한 개씩이며 mono와 oxide가 이중모음이므로 일산화탄소, carbon monoxide
b) 질소(nitrogen, N)는 2개이고 산소(O)는 1개이며 mono와 oxide가 이중모음이므로 일산화이질소, dinitrogen monoxide
c) 인(phosphorus, P)은 2개이고 산소(O)는 5개이며 penta와 oxide가 이중모음이므로 오산화이인, diphosphorus pentoxide
d) 황(sulfur, S)은 1개이고 플루오린(fluorine, F)은 6개이므로 육플루오린화황, sulfur hexafluoride

정답) a) 일산화탄소, carbon monoxide
b) 일산화이질소, dinitrogen monoxide
c) 오산화이인, diphosphorus pentoxide
d) 육플루오린화황, sulfur hexafluoride

5-1-3 배위화합물 명명법

금속과 리간드 사이의 배위결합으로 형성된 배위화합물의 명명법은 다음 여섯 가지의 기준에 의해 결정한다,

첫째, 배위화합물의 이름은 붙여서 표기하되 리간드의 이름은 금속의 이름보다 먼저 표기해야 하며, 이 순서는 한글명과 영어명에 동일하게 적용된다.

둘째, 리간드의 이름 중 개수를 의미하는 음절[69]이 있을 경우 그 리간드의 개수는 비스(bis, 2개), 트리스(tris, 3개), 테트라키스(tetrakis, 4개) 등으로 표현한다.

셋째, 리간드가 두 개 이상인 경우에는 음성리간드, 중성리간드, 양성리간드의 순서로 이름을 정하며, 관용적인 이름이 아닌 경우 음성리간드의 마지막은 영어알파벳 'o'로 표현한다.

넷째, 금속의 산화상태는 괄호 속에 로마숫자로 표기한다.

다섯째, 배위화합물이 음이온일 경우 영어명 금속의 이름은 '~ate'로 끝내고, 한글명은 뒤에 '산'을 넣어 명명한다.

69) di, tri, tetra, penta, hexa 등을 가리킴.

여섯째, 대괄호[70]로 구분된 안쪽은 배위화합물[71]이며, 대괄호 밖의 금속과 이온결합 시에는 이온화합물 명명법을 적용한다.

표 5-2 리간드의 종류와 명칭

화학적 형태	한글명	영어명
F^-	불화(플루오로)	fluoro
Bl^-	염화(클로로)	chloro
Br^-	브롬화(브로모)	bromo
O^{2-}	산화(옥소)	oxo
OH^-	수산화(하이드록소)	hydroxo
CO	카르보닐	carbonyl
CN^-	사이안화(사이아노)	cyano
NO_2^-	아질산(나이트로)	nitro
H_2O	아쿠오	aquo
CO_3^{2-}	탄산(카보나토)	carbonato
NH_3	암민	ammine
SO_4^{2-}	황산(술파토)	sulfato
$NH_2CH_2CH_2NH_2$	에틸렌다이아민	ethylene diamine (en)
$[(OCOCH_2)_2NCH_2]_2^{4-}$	에틸렌다이아민 사초산	ethylene diamine tetra acetic acid (EDTA)

배위화합물의 명명법에 맞추어 몇 가지 분자들의 이름을 결정하면 다음과 같은 예를 들 수 있다.

$Ni(CO)_4$	사카르보닐니켈	tetracarbonylnickel(0)
$[PtCl_6]^{2-}$	육염화백금	hexachloroplatinate(IV)
$[Ag(NH_3)_2]^+$	이암민은(I)	diamminesilver(I)
$[Fe(H_2O)_2SO_4]^+NO^{2-}$	아질산황산이아쿠오철(III)	sulfatodiaquoiron(III) nitrite
$K_3[CoF_6]$	육플루오린화코발트(III)산 포타슘	potassiumhexafluorocobaltate(III)

70) [ ]로 표시된

71) 또는 착물(complex), 4-1-3 배위공유결합 참조

예제 5-3) 다음 배위화합물들의 이름을 한글명과 영어명으로 명명하시오.

a) $[Co(en)_3]^{2+}$

b) $[Fe(NH_3)_5Cl]^{2+}$

c) $Na_3[Co(NO_2)_6]$

풀이) a) 에틸렌다이아민(en)은 중성리간드이고 이름 중에 다이(di)가 있으므로 3개는 트리스(tris)라고 한다. 코발트는 +2가이므로 배위화합물의 한글명과 영어명은 각각 삼에틸렌다이아민코발트(II)과 trisethylenediaminecobalt(II)이다.

b) 암민(NH_3)은 중성리간드이고 염소의 전하는 −1가이며, 괄호 내 전체의 전하가 +2가이므로 철(Fe)의 전하는 +3가이다. 그러므로 한글명과 영어명은 각각 염화오암민철(III)과 chloropentaammineiron(III)이다.

c) 대괄호 안의 아질산리간드(NO_2)는 −1가의 음성리간드이고 대괄호 바깥의 소듐은 +1가의 금속이므로 코발트(Co)의 전하는 +3가이다. 대괄호 안쪽은 전하가 음성을 나타내므로 금속 이름 뒤에 '산'을 넣어주어야 한다. 또한 대괄호 안쪽은 배위화합물이지만 바깥의 소듐과는 이온화합물을 형성하고 있으므로 한글명과 영어명은 각각 육아질산코발트(III)산 소듐과 sodiumhexanitrocobaltate(III)이다.

정답) a) 삼에틸렌다이아민코발트(II), trisethylenediaminecobalt(II)

b) 염화오암민철(III), chloropentaammineiron(III)

c) 육아질산코발트(III)산 소듐, sodium hexanitrocobaltate(III)

5-2 유기화합물 명명법

유기화합물(organic compound)은 대부분 탄소(C) 원자와 수소(H) 원자가 분자를 구성하므로 탄화수소(hydrocarbon)라고 말한다. 유기화합물이라는 원래의 어원은 유기체(organism)라는 용어에서 유래되었으며 생명체를 이루는 조직에서 발견되는 화합물이라는 의미이다. 유기화합물은 크게 지방족(aliphatic group)과 방향족(aromatic group)으로 구분하며, 지방족은 사슬형(chain type)과 지환족(alicyclic group)으로 세분한다. 유기화합물의 이름은 기본적으로 탄소 원자의 개수, 탄소-탄소 간 결합 형태, 치환기의 종류와 위치 등에 의해 결정된다.

5-2-1 지방족화합물 명명법

지방족 탄화수소의 대표적 형태인 사슬형 유기화합물은 탄화수소 분자 내 포화도(degree of saturation)[72]에 따라 알케인(alkane), 알켄(alkene), 알킨(alkyne)의 세 종류로 구분한다. 분자 내 수소의 상대적 개수가 가장 큰[73] 알케인은 모든 탄소-탄소 간 결합이 단일결합(single bond)이며 포화탄화수소(saturated hydrocarbon)이다. 그러나 알케인과 알킨은 불포화탄화수소(unsaturated hydrocarbon)로서 각각의 분자 내 탄소-탄소 결합 중 한 군데 이상은 이중결합 또는 삼중결합이 존재한다. 사슬형 유기화합물은 구성 성분이 다음 중 어느 것에 소속되는가에 따라서 한글명과 영어명의 어미가 각각 ~에인(~ane), ~엔(ene), ~인(~yne)으로 달라진다.

$$\begin{aligned} &\text{알케인} : C_nH_{2n+2} \\ &\text{알켄} : C_nH_{2n} \\ &\text{알킨} : C_nH_{2n-2} \end{aligned} \qquad \text{식(5-1)}$$

또한 탄화수소 내 탄소 원자의 개수에 따라 정해진 이름이 있으며, 알케인의 경우는 다음 표 5-3과 같다.

그러므로 사슬형 탄화수소의 이름은 기본적으로 탄소 원자의 개수와 포화도에 따라 이름의 어미[74]를 변화시키면 된다. 예로서 C_5H_{12}는 C_nH_{2n+2}에 속하므로 알케인이며 탄소 개수가 5개이므로 펜테인(pentane)이다. 그러나 C_5H_{10}과 C_5H_8는 각각 C_nH_{2n}과 C_nH_{2n-2}에 속하므로 펜텐(pentene)과 펜틴(pentyne)이다.

72) 특정 탄소 개수에 결합할 수 있는 최대 수소 개수에 대한 실제 수소 개수의 비율

73) 포화도가 가장 큰

74) 단어의 끝 부분

표 5-3 알케인(alkane)의 명칭

화학식	한글명	영어명
CH_4	메테인	methane
C_2H_6	에테인	ethane
C_3H_8	프로페인	propane
C_4H_{10}	뷰테인	butane
C_5H_{12}	펜테인	pentane
C_6H_{14}	헥세인	hexane
C_7H_{16}	헵테인	heptane
C_8H_{18}	옥테인	octane
C_9H_{20}	노네인	nonane
$C_{10}H_{22}$	데케인	decane
$C_{11}H_{24}$	언데케인	undecane
$C_{12}H_{26}$	도데케인	dodecane

또한 사슬형 탄화수소의 이름은 이중결합이나 삼중결합의 위치뿐만 아니라 치환기의 종류와 위치도 표현해야 한다. 분자 내 위치는 탄소 원자들을 임의로 번호를 붙여 결정하고, 이중결합이 있으면 이름의 끝부분을 ~엔(~ene)으로, 삼중결합이 있으면 이름의 끝을 ~인(~yne)으로 표현한다. 만약 이중결합이 분자 내 세 개가 있다면 물질명의 어미를 ~트리엔(~triene)이라 하고, 삼중결합이 두 개 있다면 ~다이인(~diyne)이라고 한다. 분자 내 탄소 원자는 공간적으로 위아래 또는 좌우가 없으므로 탄소의 번호들은 가능한 작은 숫자가 되도록 번호를 부여해야 한다. 특히 치환기와 다중결합이 동시에 있는 경우에는 다중결합(multiple bond)[75]의 위치를 우선적 표현으로 탄소의 번호를 정해야 한다. 치환기는 다양한 종류가 있으나 할로젠 원자들[76]이나 알킬기(alkyl group, R)가 가장 대표적이라 할 수 있다.

75) 이중결합 또는 삼중결합

76) 플루오린(F), 염소(Cl), 브롬(Br), 아이오딘(I)

표 5-4 알킬기(R)의 종류와 명칭

화학식	한글명	영어명
$-CH_3$	메틸	methyl
$-C_2H_5$	에틸	ethyl
$-C_3H_7$	프로필	propyl
$-C_4H_9$	뷰틸	butyl
$-C_5H_{11}$	펜틸	pentyl
$-C_6H_{13}$	헥실	hexyl
$-C_7H_{15}$	헵틸	heptyl
$-C_8H_{17}$	옥틸	octyl

결국 사슬형 탄화수소의 이름은 탄소의 개수와 포화도를 기본으로 하여 치환기의 위치를 탄소 번호로 나타내어 결정한다. 이런 방법을 적용한 몇 가지 예를 그림 5-1에 나타내었다. 탄소 골격은 앞뒤가 없으므로 탄소의 번호는 다중결합이나 치환기가 있는 곳의 번호가 작게 되도록 정하되, 다중결합이 치환기보다 기준상 우선적이다.

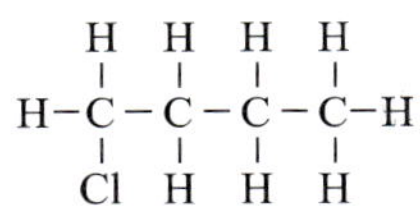
염화뷰테인(chloro butane)

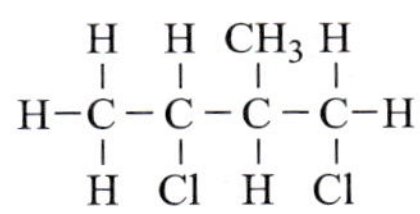
1,3-이염화-2-메틸뷰테인
(1,3-Dichloro-2-methylbutane)

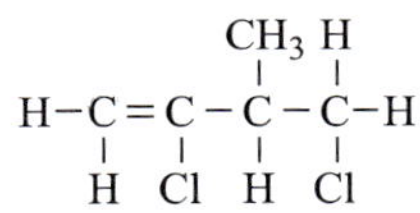
2,4-이염화-3-메틸-1뷰텐
(2,4-Dichloro-3-methyl-1-butene)

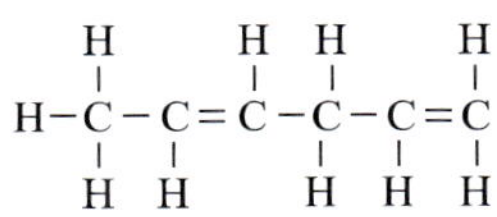
1,4-헥사다이엔(1,4-Hexadiene)

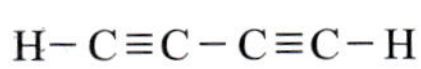
1,3-뷰타다이인(1,3-Butadiyne)

그림 5-1 사슬형 탄화수소의 명칭

사슬형 탄화수소의 이름들 중에는 독특한 공간구조에 따라 cis형(cis type)과 trans형(trans type), iso형(ios type)과 neo형(neo type) 등의 표현이 있다. 직선적인 보통의 구조는 n−[77])으로 시작하지만 치환기의 위치가 같은 종류끼리 대칭적이면 cis형이고 그렇지 않으면 trans형, 분자 내 탄소가 3개의 이웃 탄소와 만나는 구조는 iso이고 4개와 만나면 neo구조라고 한다. 이뿐 아니라 C_2H_4는 에텐(ethene)이라는 명칭보다는 관습적으로 에틸렌(ethylene)으로 불리고, C_2H_2 역시 에틴(ethyne)이라는 명칭보다는 아세틸렌(acetylene)이라는 이름이 실제적으로 사용된다.

지환족 탄화수소의 이름은 사슬형과 동일하지만 이름 앞에 사이클로(cyclo)를 추가해 주면 된다.

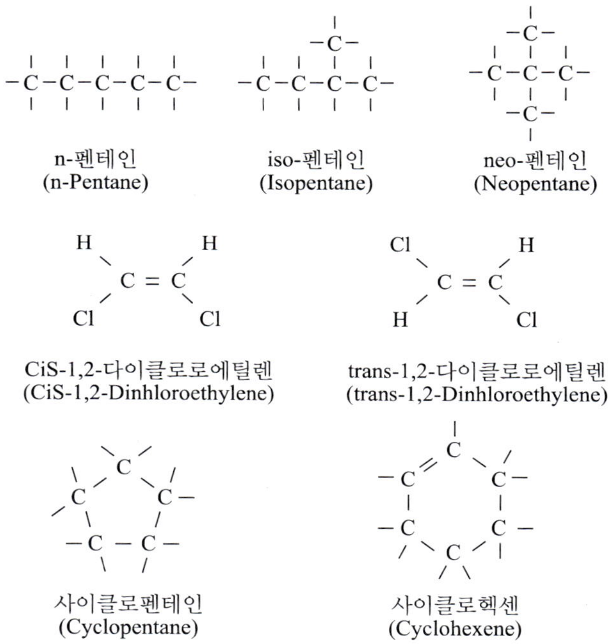

그림 5-2 지방족 및 지환족 탄화수소의 명칭

77) normal의 약자

예제 5-4) 다음 지방족 탄화수소들의 이름을 한글명과 영어명으로 말하시오.

a) $H_3C\text{-}CH(NO_2)\text{-}CH(Br)\text{-}CH_2\text{-}CH_2\text{-}CH_3$

b) $H_3CCH_2CH_2CF=CFCH_3$

c) $H_3CCH(CH_3)CH_2C\equiv CCH_3$

풀이) a) 탄소 원자의 개수가 6개이고 2번 탄소와 3번 탄소에 각각 한 개씩의 나이트로기(NO_2)와 브로모기(Br)가 치환된 전형적인 지방족 탄화수소이다. 치환기의 표기 순서는 알파벳순이므로 3-브로모-2-나이트로헥센, 3-bromo-2-nitrohexane

b) 탄소 원자의 개수가 6개인 탄화수소로서 2번 탄소에 이중결합이 한 개 있고 2번 탄소와 3번 탄소에 플루오로가 각각 한 개씩 치환되어 있으므로 2,3-다이플루오로-2-헥센, 2,3-difluoro-2-hexene

c) 탄소 원자의 개수가 6개이고 2번 탄소에 삼중결합이 한 개 있으며 5번 탄소에 메틸기 한 개가 치환되어 있으므로 5-메틸-2-헥신, 5-methyl-2-hexyne

정답) a) 3-브로모-2-나이트로헥센, 3-bromo-2-nitrohexane

b) 2,3-다이플루오로-2-헥센, 2,3-difluoro-2-hexene

c) 5-메틸-2-헥신, 5-methyl-2-hexyne

5-2-2 방향족화합물 명명법

방향족화합물은 어원적으로 향기가 나는 물질이라는 의미를 가지고 있지만 실제로는 벤젠(benzene)[78] 분자를 한 개 이상 가지는 다양한 형태의 분자들을 가리킨다. 즉, 벤젠으로부터 합성이 가능한 모든 벤젠유도체(benzene derivatives)들을 말한다. 방향족화합물들은 치환기의 종류를 먼저 부른 후 몸통 분자의 명칭을 연결하는 것이 명명법의 일반적인 방법이지만 실제로는 고유한 이름을 갖는 경우가 대부분이다. 예로서 벤젠 분자에 메틸기 한 개가 치환된 분자는 메틸벤젠이라고 말하지 않고 톨루엔(toluene)이라 말하고, 벤젠에 수산기와 메틸기가 각각 한 개씩 치환된 방향족화합물은 메틸수산화벤젠이라고 부르지 않고 크레졸(cresol)이라는 공식명칭을 가지고 있다. 특히 벤젠에 두 개의 치환기가 있는 경우에는 6개의 육각형 꼭짓점 사이의 위치에 따라 가장 가까운 것부터

78) C_6H_6, 간단히  으로 표기

오르토(ortho, o), 메타(meta, m), 파라(para, p)라는 접두사를 명칭에 사용한다.

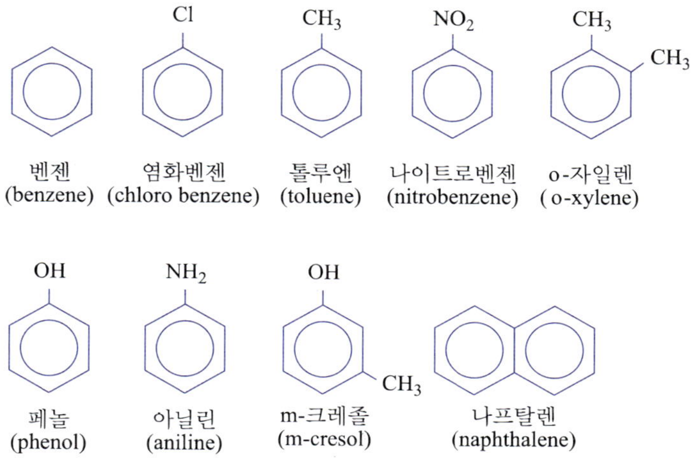

그림 5-3 방향족화합물의 명칭

예제 5-5) 다음 방향족탄화수소들의 이름을 한글명과 영어명으로 명명하시오.

a) $C_6H_2Cl_4$

b) $C_6(NO_2)_3H_2CH_3$

c) $C_6Br_2H_3OH$

풀이) a) 탄소가 6개인 방향족탄화수소이고 벤젠 분자에 4개의 수소가 염소(Cl)로 치환된 구조이다. 그러므로 테트라클로로벤젠(tetrachlorobenzene)이다.

b) 탄소가 6개인 방향족탄화수소이고 벤젠 분자를 기본으로 한다. 다만 메틸기(CH_3)가 한 개 치환된 벤젠이므로 톨루엔이 되고, 여기에 세 개의 니트로기(NO_2)가 치환되었으므로 트리니트로톨루엔(trinitrotoluene, TNT)이다.

c) 탄소가 6개인 방향족탄화수소이고 벤젠 분자가 몸통이며 6개의 수소 중 한 개가 수산기(OH)로 치환되었으므로 페놀이다. 다만 나머지 5개의 수소 중 두 개가 브롬기(Br)로 치환되었으므로 다이브로모페놀(dibromophenol)이다.

정답) a) 테트라클로로벤젠, tetrachlorobenzene

b) 트리니트로톨루엔, trinitrotoluene (TNT)

c) 다이브로모페놀, dibromophenol

예제 5-6) 육각형 벤젠 고리가 두 개 붙어있는 분자는 나프탈렌이다. 벤젠 분자가 세 개 붙어 있는 안트라센(anthracene)의 분자식은 무엇인가?

풀이) 벤젠 고리 3개가 옆으로 나란히 연결된 형태이므로 기본적인 골격 내 꼭짓점에 위치한 탄소 원자의 총 개수는 14개이다. 또한 벤젠 분자 내 탄소－탄소 사이의 결합은 단일결합과 이중결합이 교대로 존재하는 구조이다. 6각형과 6각형이 연결되는 두 곳에 존재하는 4개의 탄소는 각각 이웃하는 3개의 탄소와의 탄소－탄소 간 결합을 가지는데 2개의 단일결합과 1개의 이중결합을 형성하게 된다. 따라서 이 4개의 탄소는 수소와의 결합을 형성할 수 없으므로, 안트라센 분자 전체의 수소 원자의 개수는 10개가 된다

정답) $C_{14}H_{10}$

5-2-3 작용기에 따른 명명법

유기화합물의 명명법 중 독특한 경우로서 분자 내 특별한 작용기(functional group)의 존재에 의해 결정되는 방법이다. 작용기의 종류로는 알코올(alcohol), 에터(ether), 알데하이드(aldehyde), 케톤(ketone), 카복실산(carboxylic acid), 에스터(ester) 등이 있다.

알코올은 유기화합물 분자 내 알코올기(－OH)가 있는 분자로서 형태는 R－OH[79]이다. 알코올기가 1개 있으면 그냥 올(～ol)이고, 2개 있으면 다이올(～diol), 3개 있으면 트라이올(～triol)로 부른다. 예로서 뷰테인(C_4H_{10}) 분자에서 수소 한 개를 알코올기로 치환하면 뷰탄올(butanol, C_4H_9OH)[80]이고, 두 개의 수소를 알코올기로 치환하면 뷰탄다이올[butandiol, $C_4H_8(OH)_2$]이 된다.

분자 내 여러 개의 탄소들 중 어떤 위치에 있는 탄소에 알코올기가 결합하는가에 따라 알코올의 종류를 구분하기도 한다. 알코올기가 결합된 탄소 원자가 인접한 한 개의 탄소와 결합한 경우를 1차 알코올(primary alcohol)이라 하고, 두 개의 탄소와 결합한 구조는 2차 알코올(secondary alcohol), 3개의 탄소와 결합한 경우는 3차 알코올(tertiary alcohol)이라고 한다.

79) 알킬기와 알코올기가 직접적으로 결합된 구조
80) 뷰틸알코올(butylalcohol)이라고 부르기도 함.

또한 두 개의 알코올기가 한 분자 내에서 서로 다른 두 개의 탄소에 결합한 것을 글라이콜(glycol)[81]이라 하고, 세 개 이상의 알코올기가 동일 분자 내 서로 다른 탄소 원자에 결합된 경우는 글라이세린(glycerin)[82]이라고 한다. 글라이콜은 자동차용 부동액의 주성분이며 글라이세린은 음식물과 윤활제 등의 용도로 이용되고 있으며 특히 다양한 화장품 제조에 사용된다.

CH_3OH 메탄올 (메틸알코올)

CH_3CH_2OH 에탄올 (에틸알코올)

$CH_3CH_2CH_2OH$ 프로판올 (프로필알코올)

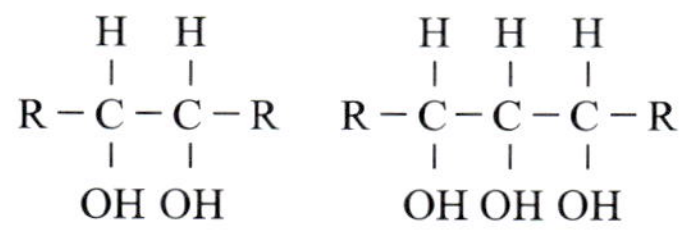

글라이콜 (glycol) 글라이세린 (glycerin)

그림 5-4 알코올, 글라이콜, 글라이세린

알코올류는 유사한 형태라 하더라도 성질은 매우 달라서 에틸알코올은 술의 주성분이나 메틸알코올은 취급 시 큰 주의를 필요로 하는 치명적인 독극물이다.

에터는 산소 원자를 중심으로 양쪽에 알킬기가 결합된 형태의 유기화합물이며 구조적으로는 R－O－R의 형식이다. 양쪽의 알킬기는 동일한 것이 올 수도 있고 다른 종류가 올 수도 있다. $H_3C-O-CH_3$ 분자는 다이메틸에터(dimethylether)이고, $H_3C-O-C_2H_5$ 분자는 메틸에틸에터(methylethylether)이다. 에터는 인체에 대한 강한 마취성이 있다.

알데하이드는 알킬기에 결합된 탄소에 산소와 수소가 각각 한 개씩 결합된 구조이며, R－CHO의 형태이다. 즉, 알킬기에 결합된 탄소 원자는 한 쪽으로는 단일결합의 수소 원자와, 다른 한 쪽으로는 산소 원자와 이중결합을 형성하고 있는 형태이다. 결국 수소 원자와 산소 원자는 서로 직접적인 결합이 없다.

알데하이드의 명명법은 탄소 개수에 따른 알케인 이름 뒤에 ～안알(～anal)을 붙여주면 된다. 즉, 알케인의 어미를 ～에인 대신에 ～안알로 변형시키면 된다. 예로서 메틸기($-CH_3$)가 알킬기(R)로 오면 알데하이드 구조에 원래부터 존재하는 한 개의 탄소 원자와 함께 탄소 개수가 2개인 경우로 생각하고, 에테인을 변형시켜 에탄알(ethanal)이라고 하면 된다. 만약 알데하이드에 있는 알킬기가 탄소 2개인 에틸기($-C_2H_5$)라면 그 이름

81) 관습명으로 글리콜이라고 함.

82) 관습명으로 글리세린이라고 함.

은 프로판알(propanal)이 된다. 그러나 대부분의 이름에는 관습적으로 통용되는 이름들이 있듯이 알데하이드의 명칭에도 공식명과 함께 널리 사용되는 관습명이 있다. 특히 알킬기 내 탄소 원자의 개수가 0 (R이 수소 원자)~4개의 경우에는 독특한 관습명이 있다. 0개인 HCHO는 포름알데하이드, 1개인 H_3CCHO는 아세트알데하이드(acetaldehyde), 2개인 H_5C_2CHO는 프로피온알데하이드(propionaldehyde), 3개인 H_7C_3CHO는 뷰티르알데하이드(butyraldehyde)[83]라고 한다.

알데하이드는 그 종류와 무관하게 공통적으로 강한 환원성이 있어서 은거울반응[84]이나 펠링용액반응[85]과 같은 강한 환원반응을 진행시킨다.

케톤은 분자 내 C=O기가 있으며, CO기 내 탄소 원자에 두 개의 알킬기(R)가 결합된 구조로서 R-CO-R의 형태를 가진다. 케톤의 명명법은 관용명과 공식명의 두 종류가 있다. 관용명은 에터와 유사하며 양쪽의 알킬기가 같은 종류이거나 다른 경우라 하더라도 알킬기의 이름을 순서대로 부른 뒤 맨 뒤에 케톤이라고 말하면 된다. 예로서 메틸기와 에틸기가 한 개씩 결합된 $H_3CCOC_2H_5$는 메틸에틸케톤(methylethylketone)이다. 시성식이 CH_3COCH_3인 다이메틸케톤은 관습명으로 아세톤(acetone)이라고 하며 다양한 용매로 사용되고, 특히 폭약의 정제와 농축에 이용된다. 그러나 공식명은 CO기를 포함한 분자 전체의 탄소 개수에 따르는 알케인 이름의 어미를 '~에인(ane)'에서 '~온(one)'으로 바꾸고 CO기가 있는 탄소의 번호를 가장 먼저 불러주면 된다. 예로서 관습명 메틸에틸케톤은 공식명이 2-뷰탄온(2-butanone)이다.

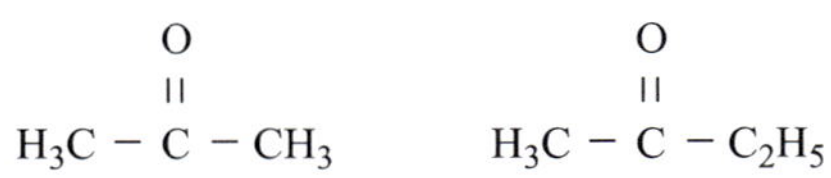

다이메틸케톤 (dimethylketone, acetone)
2-프로판온 (2-propanone)

메틸에틸케톤 (methylethylketone, MEK)
2-뷰탄온 (2-propanone)

그림 5-5 케톤의 종류

83) 뷰틸알데하이드(butylaldehyde)와 같은 용어

84) 은이온(Ag^+)을 금속 은(Ag)으로 석출시키는 환원반응

85) 구리 이온의 환원반응(+2가에서 +1가)을 통한 알데하이드 존재 확인 반응

카복실산은 케톤 구조의 CO 양쪽에 각각 한 개씩의 알킬기와 수산기(−OH)가 결합된 구조이며 R−CO−OH의 형태이다. 명명법은 알데하이드와 유사하여 어미를 ~알(~al) 대신 산(acid)[86)]이라고 불러주면 된다. 예로서 메틸기(−CH_3)가 알킬기로 결합된 H_3CCOOH는 에테인산(ethanoic acid)이고, HCOOH는 메테인산(methanoic acid)이다.

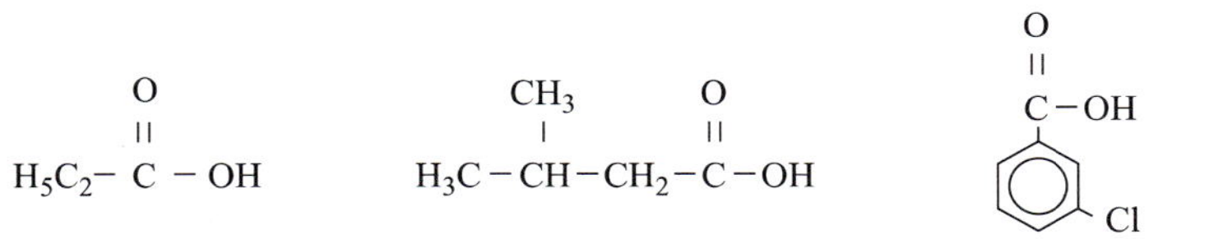

프로판산 (propionic acid) | 3-하이드록시뷰탄산 (3-hydroxybutanoic acid) | 3-클로로벤조산 (3-chlorobenzoic acid)

그림 5−6 카복실산의 종류

카복실산은 알코올의 산화반응(oxidation)으로 생성될 수 있다. 다만 이 과정은 중간 생성물로서 알데하이드를 얻을 수 있다는 점이 특징적이다.

$$C_2H_5OH\ (\text{에탄올}) + \frac{1}{2}O_2\ (\text{산화}) \rightarrow CH_3CHO\ (\text{아세트알데하이드}) + H_2O \quad \text{식(5-2)}$$

$$CH_3CHO\ (\text{아세트알데하이드}) + \frac{1}{2}O_2\ (\text{산화}) \rightarrow CH_3COOH\ (\text{아세트산}) \quad \text{식(5-3)}$$

에스터는 카복실산의 구조에서 수산기(OH)의 수소 원자 대신 알킬기가 교환된 형태이며 R−CO−O−R로 나타낼 수 있다. 에스터의 명명법은 카복실산의 이름에 에스터가 되기 위해 추가로 치환된 우측의 알킬기 이름만을 한 칸 띄워 추가해주면 된다. 다만 영어명은 오른쪽의 추가 치환된 알킬기의 이름을 먼저 부른 뒤 한 칸 띄운 뒤 acid 부분을 ~oate로 변화시켜야 한다. 예로서 에테인산에 수소 대신 메틸기가 치환된 에스터 분자 $H_3C-CO-O-CH_3$는 에틸산 메틸이 한글명이고 영어명은 methyl ethanoate가 된다.

86) 영어명의 경우 acid 앞에 ~oic으로 어미를 변형시켜야 한다.

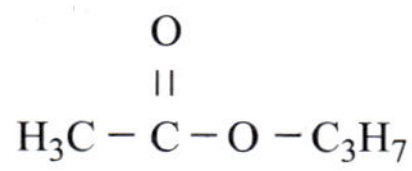

에탄산 프로필
(proply ethanoate)

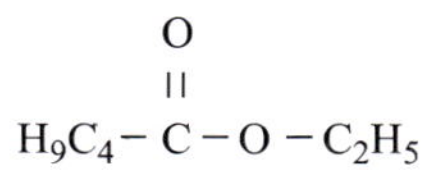

펜탄산 프로필
(ethyl pentanoate)

그림 5-7 에스터의 종류

예제 5-7) 다음 유기화합물들의 이름을 한글명과 영어명으로 명명하시오.

a) $CH_3CH_2CH(CH_3)CH_2C(O)H$

b) $CH_3CH(CH_3)C(O)OH$

c) $H_7C_3C(O)OC_3H_7$

풀이) a) (　)로 표기한 부분은 탄소 주축을 이루는 것이 아니고 치환기를 표현하기 위한 것이므로, 전체적인 골격 구조는 뷰틸기가 결합된 알데하이드 구조이다. 다만 뷰틸기 중 메틸기(CH_3) 한 개가 치환되어 있다. 이것은 알데하이드 구조 내 탄소를 기준으로 하여 왼쪽으로 번호를 매기면 세 번째 탄소에 결합된 치환기임을 알 수 있다. 따라서 3번 탄소에 메틸기가 치환된 뷰틸기가 알킬기인 알데하이드의 이름은 3-메틸펜탄알, 3-methyl-pentanal이다.

b) (　)로 표기한 부분은 탄소 주축을 이루는 것이 아니고 치환기를 표현하기 위한 것이므로, 전체적인 골격 구조는 에틸기가 결합된 카복실산 구조이다. 다만 에틸기 중 메틸기(CH_3) 한 개가 치환되어 있다. 이것은 카복실산 구조 내 탄소를 기준으로 하여 왼쪽으로 번호를 매기면 두 번째 탄소에 결합된 치환기임을 알 수 있다. 따라서 2번 탄소에 메틸기가 치환된 에틸기가 알킬기인 카복실산의 이름은 2-메틸프로페인산, 2-methylpropanoic acid이다.

c) (　)로 표기한 부분은 탄소 주축을 이루는 것이 아니고 치환기를 표현하기 위한 것이므로, 전체적인 골격 구조는 양쪽에 프로필기가 알킬기로서 결합되어 있는 에스터이다. 따라서 이 에스터의 이름은 뷰틸산 프로필, propyl butanoate이다.

정답) a) 3-메틸펜탄알, 3-methylpentanal

b) 2-메틸프로페인산, 2-methylpropanoic acid

c) 뷰틸산 프로필, propyl butanoate

5-3 고분자화합물 명명법

고분자라는 용어는 분자의 크기가 거대하다는 의미로서 거대분자(macromolecule)라는 표현이 있고 또한 분자량이 작은 분자(monomer)[87]들을 반복적으로 연결하는 방법을 통해 제조한 물질이라는 의미의 중합체(polymer)라는 표현도 있다. 고분자는 분자량이 10,000 amu 이상인 분자라고 정의하지만 실제로 사용되는 고분자는 그보다 훨씬 더 큰 분자량을 가지고 있다. 실제 생활에 이용되는 합성수지와 합성섬유 등은 분자량이 대개 수십만~수백만 이상인 경우가 많다. 일반적인 크기의 분자와 고분자 사이의 중간 크기로서 분자량이 1,000~10,000 정도인 분자는 올리고머(oligomer)라고 부른다.

5-3-1 단량체와 중합체

고분자(polymer)의 명칭은 중합반응(polymerization) 초기의 재료 분자라 할 수 있는 단량체(monomer)의 이름과 연결되어 있다. 즉, 고분자의 명칭은 단량체의 명칭 앞에 폴리(poly)라는 접두사를 붙여주면 된다.

$H_2C=CH_2$ (에틸렌) → n-(H_2C-CH_2)− (폴리에틸렌) 식(5-4)

$H_5C_6HC=CH_2$ (스타이렌) → n-($H_5C_{26}HC-CH_2$)− (폴리스타이렌) 식(5-5)

단량체가 중합체로 중합되는 과정은 발열과정이며 중합 시 발생하는 큰 중합열을 빠르게 제거하는 방법은 중합과정이 폭발로 연결되지 않도록 하는 핵심적 기술이다.

87) 단량체(monomer)라고 함.

5-3-2 공중합체

중합 시 한 종류의 단량체만을 사용하여 제조한 고분자 중합체는 단중합체(homopolymer)라고 하며 두 종류 이상의 단량체로 중합한 중합체를 공중합체(copolymer)라고 한다. 공중합체는 중합 시 연결되는 단량체들의 위치에 따라 불규칙 공중합체(random copolymer), 교대 공중합체(alternating copolymer), 블록 공중합체(block copolymer), 그라프트 공중합체(graft copolymer)로 구분한다.

```
A B A A A B A B B A B···     : 불규칙 공중합체
A B A B A B A B B A B···     : 교대 공중합체
A A A A A B B B B B B···     : 블록 공중합체
A A A A A A A A A···         : 그라프트 공중합체
  |         |
  B         B
  B         B
  B         B
  |         |
```

그림 5-8 공중합체의 종류

산업과 일상생활에 이용되는 고분자 중합체들은 합성수지(synthetic resin), 합성섬유(synthetic fiber), 합성고무(synthetic rubber) 등과 같이 다양한 용도로 사용되고 있으며 단중합체도 있으나 대부분 공중합체들이다. 공중합체의 예로서는 자동차용 타이어로 사용되는 스타이렌부타다이엔고무(styrene butadiene rubber, SBR) 등이 대표적이다. 이것은 스타이렌과 부타다이엔이라는 두 개의 단량체로부터 공중합된 것이다.

단량체들로부터 중합체를 제조하는 방법은 크게 중합과 축중합(condensation polymerization)으로 구분할 수 있다. 중합은 단량체들을 직접 연결하는 방법으로서 대부분의 단량체 분자 내부에 존재하는 이중결합을 단일결합으로 바꾸어 단량체들을 서로 연결되는 방법이다. 이 중합과정의 예는 올레핀(olefin)으로부터 폴리올레핀(polyolefin)의 합성으로 잘 알려진, 에틸렌으로부터 폴리에틸렌의 합성이나 프로필렌으로부터 폴리프로필렌의 합성이 대표적이다. 그러나 축중합은 단량체와 단량체가 직접 연결되지 못하고 두 단량체의 연결 부분에서 물(H_2O) 분자가 빠져나감으로써 두 단량체가 연결되는 방법이다. 예로서는 나일론6,6 (nylon6,6)[88]의 합성을 들 수 있다. 나일론6,6은 헥사메틸

렌다이아민(hexamethylenediamine)[89]과 아디프산(adipic acid)[90]이라는 두 단량체에서 각각 수소 원자 한 개와 수산기 한 개씩이 빠져나와 물 분자로 제거됨을 통해 단량체들이 서로 연결된다. 나일론6,6의 명칭은 나일론 중합체를 구성하는 두 종류의 단량체가 각각 6개씩의 탄소 원자를 가지고 있다는 것으로부터 연유된 이름이다. 나일론6,6과 더불어 나일론으로서 많은 용도를 가진 나일론6은 ε－카프로락탐(ε-caprolactam)[91]을 개환중합(ring opening polymerization) 한 것이다. 나일론6의 명칭은 단량체 분자의 고리 내 탄소 원자의 개수가 6개라는 의미로부터 이름이 결정되었다. 개환중합이라는 중합법은 중합하기 위해 단량체 분자의 고리를 열어서 이웃의 단량체와 서로 연결시키는 방법이다.

5-4 염화플루오린화탄소(CFC)

염화플루오린화탄소(chlorofluorocarbon, CFC)는 탄소 원자 주변에 최소한 한 개 이상씩의 염소(Cl) 또는 플루오린(F)을 가진 다양한 유기화합물들을 가리킨다. 염화플루오린화탄소는 특유의 화학적 안정성과 강한 기화력으로 인해 현대 사회에서 산업용 세척제, 분사제, 냉매, 희석제, 가스계 소화약제 등의 많은 용도로 사용한다. 이 물질들의 관습명은 프레온(freon)이며, 제조사가 명명한 상품명이 그대로 불려진다.

그러나 염화플루오린화탄소 분자들의 공식적인 명칭은 3개의 숫자를 통해 결정한다. 먼저 CFC라고 표기한 후 이어서 분자 내 탄소 원자의 개수, 수소 원자의 개수, 플루오린(F) 원자의 개수를 반영한 3개의 숫자를 표기해야 한다. 첫 번째 자리의 숫자는 탄소 원자의 개수에서 1을 뺀 숫자이며, 두 번째 숫자는 수소 원자의 개수에 1을 더한 숫자이고, 마지막 세 번째 숫자는 플루오린 원자의 개수를 그대로 적은 것이다. 예로서 분자

88) 나일론의 대표적 종류, 나일론육육 또는 나일론더블식스라고 한다.
89) 화학식은 $H_2N(CH_2)_6NH_2$
90) 화학식은 $HOOC(CH_2)_4COOH$
91) 7각형 고리모양으로 CO와 NH가 서로 연결된 분자, 화학식은 $CO(CH_2)_5NH$

식이 $C_2F_2H_4$라는 염화플루오린화탄소 분자의 명칭은 CFC152이다. 만약 탄소의 개수가 한 개뿐이라면 첫 번째 숫자가 0이 되게 되고, 이런 경우는 첫 번째 숫자를 생략할 수 있다. 따라서 숫자가 두 자리뿐이라면 당연히 탄소 원자의 개수가 1 개임을 짐작해야 한다. 여기서도 반드시 기억해야 할 요소가 있다. 할로젠 원소들은 원자번호의 순서에 따라 플루오린(F)[92], 염소(Cl), 브롬(Br), 아이오딘(I)의 서열을 가진다는 점이다. 예를 들어 CFC112라는 분자의 분자식은 $C_2F_2Cl_4$이다. 왜냐하면 탄소가 두 개이면 그 주변에 결합할 수 있는 자리 수(보통은 수소가 결합되어 있는)는 6개이다[93]. 그런데 실제로 수소 원자는 한 개도 없고 플루오린 원자만 두 개가 존재한다. 그러면 나머지 4개의 자리에는 무엇이 차지하고 있는 것인지 알 수가 없다. 이와 같이 아무런 정보가 없다는 것은 플루오린 다음의 서열을 가진 염소 원자가 4개의 자리를 모두 점유하고 있음을 의미하기 때문이다. 만약 알 수 없는 4개의 자리에 염소가 2개, 브롬도 2개 있다면 추가적으로 브롬의 존재를 표기해야 하며 CFC112B2[94]라고 표기한다.

예제 5-8) 다음 CFC들의 물질명은 분자식으로, 분자식은 CFC명으로 말하시오.

a) CFC11

b) $C_2F_4Br_2$

풀이) a) 숫자 부분이 두 자리이므로 첫 번째 자리의 숫자가 0이고 탄소 원자의 개수가 한 개임을 알 수 있다. 또한 두 번째 숫자가 1이므로 수소 원자의 개수는 0이고, 세 번째 숫자가 1이므로 플루오린(F) 원자는 한 개뿐이다. 따라서 한 개의 탄소에 결합된 것은 플루오린 한 개뿐이므로 탄소에 결합될 수 있는 나머지 세 자리는 순서에 따라 염소(Cl) 원자가 결합되어 있음을 알 수 있다. 그래서 분자식은 $CFCl_3$이다.

b) 탄소 원자가 두 개이므로 CFC명의 첫 번째 숫자는 1이 되고, 수소 원자는 없으므로 두 번째 숫자는 1이다. 플루오린 원자의 개수가 4개이므로 세 번째 숫자는 4가 되고, 두 개의 탄소가 가지는 여섯 개의 결합 자리 중 비어있는 나머지 두 개가 순서에 따른 염소 원자가 아니라 브롬 원자이므로 추가적인 표현이 필요하다. 그러므로 CFC명은 CFC114B2이다.

정답) a) $CFCl_3$

b) CFC114B2

---

92) 불소

93) CFC분자는 모두 포화탄화수소이므로 알케인 구조이다.

94) Br이라고 표기하지 않고 간단히 B로만 표기한다.

Chapter 5 연습문제

1. 다음 이온화합물들의 이름을 한글명과 영어명으로 말하시오.

   a) $Fe(ClO_4)_3$

   b) NH_4MnO_4

2. 다음 공유화합물들의 이름을 한글명과 영어명으로 말하시오.

   a) N_2O_4

   b) SO_2

3. 다음 배위화합물들의 이름을 한글명과 영어명으로 말하시오.

   a) $K_4[Co(CN)_6]$

   b) $[Cr(en)_3]Cl_2$

4. 다음 지방족 탄화수소들의 이름을 한글명과 영어명으로 말하시오.

   a) $CH_3HC=CHCH=CH_2$

   b) $CH_3C \equiv CCH_2CH_3$

5. 다음 방향족 탄화수소들의 이름을 한글명과 영어명으로 말하시오.

   a) C_6F_6

   b) $C_6H_4NH_2Br$

6. 다음 알코올 분자들의 이름을 한글명과 영어명으로 말하시오.

   a) $CH_3CH_2CH(CH_3)OH$

   b) $CH_3CH(CH_3)CH_2CH(OH)CH_3$

7. 다음 에터 분자(a)와 케톤 분자(b)의 이름을 한글명과 영어명으로 말하시오.

a) $C_2H_5OC_3H_7$

b) $CH_3C(O)C_3H_7$

8. 다음 알데하이드 화합물들의 이름을 한글명과 영어명으로 말하시오.

a) $HC(O)H$

b) $CH_3CH_2CH(CH_3)CH_2C(O)H$

9. 다음 카복실산 화합물들의 이름을 한글명과 영어명으로 말하시오.

a) $HC(O)OH$

b) $CH_3CH(CH_3)C(O)OH$

10. 다음 에스터 화합물들의 이름을 한글명과 영어명으로 말하시오.

a) $CH_3CH_2CH_2C(O)OCH_3$

b) $CH_3CH_2C(O)OCH_2CH_3$

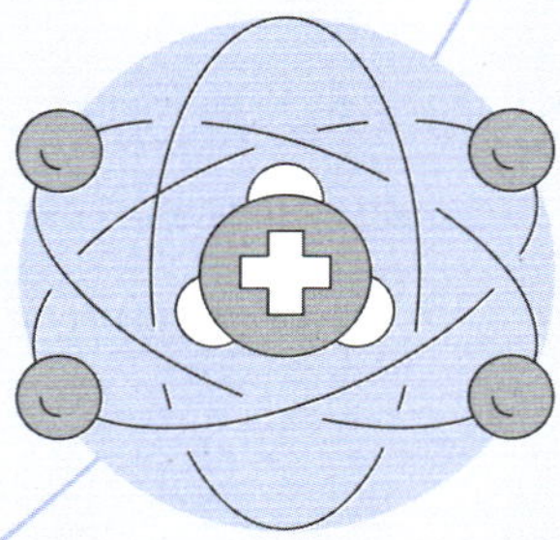

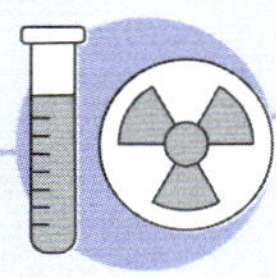

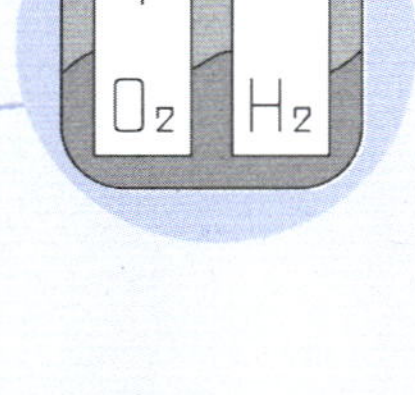
+
−
O_2
H_2

Chapter 6

기체

기체는 물질의 세 가지 상(phase)들 중 밀도가 상대적으로 가장 작고 온도와 압력의 변화에 따른 부피 변화가 크다. 지구 대기권을 형성하고 있는 공기층은 지표면에 가까울수록 밀도가 높고 고도가 높아질수록 낮아진다. 지구 대기권은 고도에 따른 기온변화의 양상에 따라 아래쪽에서부터 위쪽으로 대류권(troposphere), 성층권(stratosphere), 중간권(mesosphere), 열권(thermosphere)으로 구분한다. 대류권과 중간권은 고도가 높아짐에 따라 기온이 내려가지만 반대로 성층권과 열권은 고도 상승에 따라 기온도 비례하여 올라간다. 사람이 거주하는 공간인 대류권에서는 고도 상승에 따른 기온 감소율(lapse rate)이 건조한 공기의 경우에는 −9℃/km이지만 공기 중의 수증기로 인해 실제로는 대부분 −6℃/km 정도이다. 대류권의 기압은 보통 1기압(atm)[95]이며 SI 압력 단위인 파스칼(Pa)로는 101,325 Pa이다. 지구 대기권의 조성은 습도를 무시한 건조 공기의 경우, 부피백분율로 질소 기체(N_2)가 78%, 산소 기체(O_2)가 21%, 아르곤(Ar)이 0.9%이며 그 밖에 이산화탄소(CO_2)가 0.036% 등으로 구성되어 있다.

6-1 기체의 특성

기체 상태는 다른 상에 비해 분자와 분자 사이의 평균적인 거리가 멀다는 점이 가장 큰 특성이다. 액체상과 고체상은 분자들이 이미 더 좁혀질 수 없는 상태로 가깝게 존재하므로 외부적 압력에도 부피 변화가 거의 없다. 그러나 기체는 액체와 고체에 비해 분자 간 평균 거리가 거의 천 배 이상 커서 외부 압력이나 온도의 변화에 따라 부피가 쉽게 바뀐다. 그러므로 기체의 부피는 기체 분자 자체의 크기가 아니라 분자들의 이동에 의해 점유된 공간의 크기를 의미한다. 따라서 기체의 부피는 분자의 개수에 비례하고 분자 종류와는 무관하다.

기체의 물리적 특성은 일반적으로 압력(P), 부피(V), 온도(T), 몰 수(n) 등의 물리량으로 결정된다.

95) 760 mmHg (= 760 torr), 1033 cmH_2O, 14.7 psi와 모두 동일한 압력

6-2 이상기체와 실제기체

이상기체(ideal gas)는 실제기체(real gas)가 가지는 두 가지 요소를 없다고 가정한 가상적 기체이다. 이 두 요소가 일반적인 조건 아래에서는 크기가 매우 작으므로 그렇게 가정할 수 있다. 그러나 극한적 조건으로서 온도가 지극히 낮다든가 혹은 압력이 지극히 높은 경우에는 그 크기가 무시할 수 있을 정도로 작지는 않다.

이상기체에서 그 크기를 인정하지 않는 두 요소는 다음과 같다. 첫째는 기체의 부피에 대한 기체 분자 자체의 부피이고, 둘째는 기체 분자 사이의 인력이다. 이 두 요소는 기체 상태의 특성으로서 분자들 사이의 거리가 매우 멀다는 것과 관련이 있다. 이상기체는 실제기체에 비해 기체의 특성을 간단한 식으로 정리하기에 편리한 점이 있다.

6-3 이상기체의 성질

기체 상태에 대한 이해는 이상기체에 대한 여러 가지 물리량 사이의 상관관계로 알 수 있다. 즉, 압력, 부피, 온도, 몰 수 등의 상태함수들을 필요한 조합으로 정리하면 기체의 성질을 쉽게 이해할 수 있다.

6-3-1 보일의 법칙

보일의 법칙(Boyle's law)은 이상기체의 경우 온도(T)가 일정하다면 압력(P)과 부피(V)의 곱은 항상 일정하다는 것이다. 즉, 압력과 부피는 서로 간 반비례한다.

$$P \times V = \text{const.} \ (\text{단, } T \text{는 고정}) \qquad \text{식(6-1)}$$

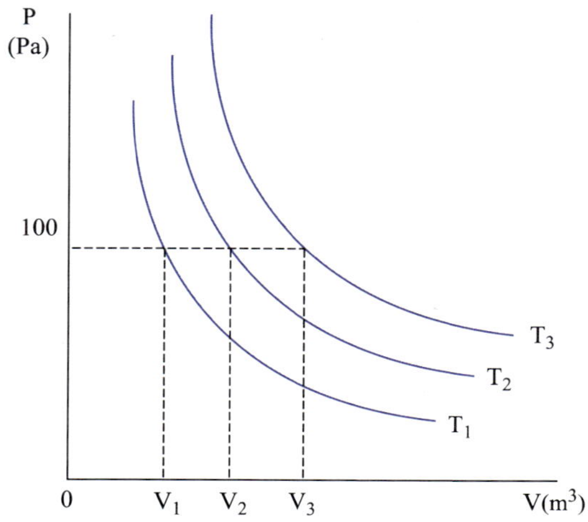

그림 6-1 보일의 법칙과 등온선

보일의 법칙을 표현하는 곡선을 등온선(isotherms)이라고 하며 동일 곡선 내 모든 점들은 온도가 같다. 따라서 온도가 다른 경우에는 그 온도에 적용되는 등온선이 구성된다. 그림 6-1에서는 각기 다른 온도의 등온선들이 있으나 $T_1 < T_2 < T_3$ 순서로 온도가 상대적으로 높다. 이것은 동일한 압력일 때의 부피가 T_1의 경우가 가장 작고 T_3가 가장 크기 때문이다.

6-3-2 샤를의 법칙

샤를의 법칙(Charles' law)은 이상기체에서 기체의 부피(V)는 온도(T)에 비례한다는 것이다. 즉, 압력이 일정하다면 온도와 부피는 비례하며, 여기서 온도의 단위는 절대온도(absolute temperature, K)이다.

$V = k \cdot T$ (단, P는 고정, k는 비례상수) 식(6-2)

$$\frac{V_1}{T_1} = \frac{V_2}{T_2}$$ 식(6-3)

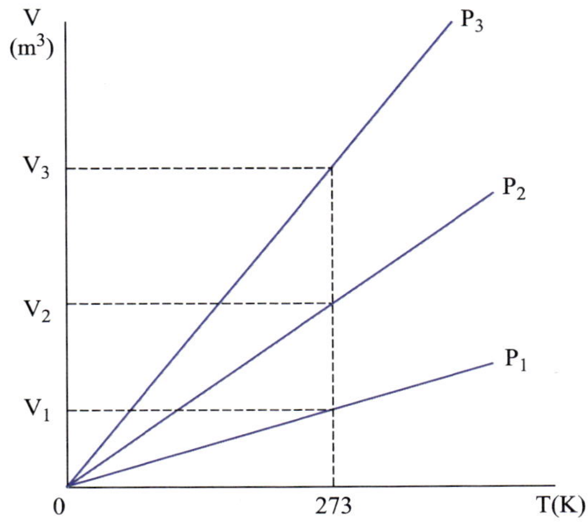

그림 6-2 샤를의 법칙과 등압선

샤를의 법칙을 표현하는 직선은 등압선(isobars)이라고 하며 동일 직선 내 모든 점들은 압력이 같다. 따라서 압력이 다른 경우에는 그 압력이 적용되는 다른 등압선이 존재한다. 그림 6-2에서는 각기 다른 압력의 등압선들이 있으나 $P_3 < P_2 < P_1$ 순서로 압력이 상대적으로 높다. 이것은 동일한 온도일 때의 부피가 P_3의 경우가 가장 크고 P_1은 가장 작기 때문이다.

대기압 하에서 온도 상승에 따른 부피 증가는 그 비율이 $\frac{1}{273}$이고, 온도가 1℃ 오를 때마다 0℃일 때의 부피에 대해 $\frac{1}{273}$ 만큼씩 증가한다. 물론 1℃ 감소한다면 0℃일 때의 부피에 대해서 $\frac{1}{273}$ 만큼씩 감소하게 된다.

6-3-3 보일 - 샤를의 법칙

보일－샤를의 법칙은 보일의 법칙과 샤를의 법칙을 결합한 것으로서 온도와 압력과 부피를 한 개의 수식으로 표현하였다.

$$\frac{P_1 \cdot V_1}{T_1} = \frac{P_2 \cdot V_2}{T_2} \qquad \text{식(6-4)}$$

예제 6-1) 대기압 하에서 부피가 20 L인 실린더 내 들어있는 127℃ 이상기체의 부피를 절반이 되게 압축한 후 온도를 27℃로 낮추었다. 실린더 내 최종적인 압력은 몇 기압(atm)인가?

풀이) 보일-샤를의 법칙을 적용하기 위한 T_1, V_1, P_1은 각각 400 K, 20 L, 1 atm이고, T_2 및 V_2는 각각 300 K와 10 L이다. 그러므로 P_2를 계산하면 다음과 같다.

$$\frac{1 \times 20}{400} = \frac{P_2 \times 10}{300} \rightarrow P_2 = 1.5\text{기압(atm)}$$

정답) 1.5기압(atm)

6-3-4 아몬톤의 법칙

아몬톤의 법칙(Amoton's law)은 이상기체의 경우 기체의 압력(P)은 온도(T)에 비례한다는 것이다. 즉, 부피가 일정하다면 온도와 압력은 비례하며, 여기서도 온도의 단위는 절대온도(absolute temperature, K)이다.

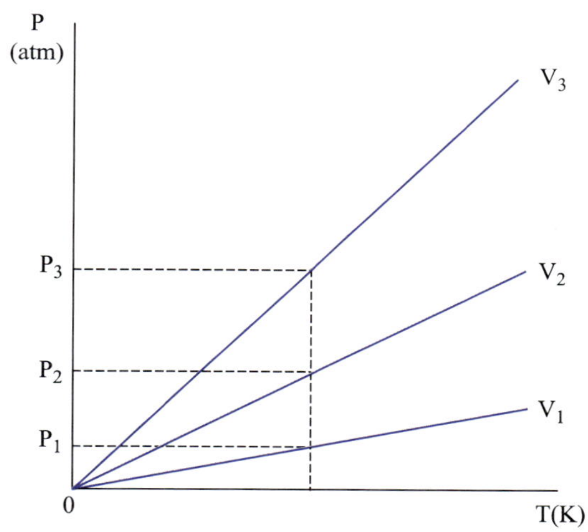

그림 6-3 아몬톤의 법칙과 등부피선

$$P = k \cdot T \text{ (단, } V\text{는 고정, } k\text{는 비례상수)} \qquad \text{식(6-5)}$$

아몬톤의 법칙을 표현하는 직선은 등부피선(isometrics)이라고 하며 동일 직선 내 모든 점들은 부피가 같다. 그러나 부피가 다른 경우에는 그 부피가 적용되는 다른 등부피선이 존재한다. 그림 6-3에서는 각기 다른 부피의 등부피선들이 있으나 $V_3 < V_2 < V_1$ 순서로 부피가 상대적으로 크다. 이것은 동일한 온도일 때의 압력이 P3의 경우가 가장 크고 P_1은 가장 작기 때문이다.

6-3-5 아보가드로의 법칙

아보가드로의 법칙(Avogadro's law)은 이상기체에서 기체의 부피(V)는 기체 분자의 몰 수(n)에 비례하고 기체 분자의 종류와는 무관하다는 것이다. 즉, 온도와 압력이 일정하다면 기체의 부피는 몰 수(분자의 개수)에만 비례하고, 몰 수가 동일한 모든 종류의 기체는 분자의 종류와 상관없이 그 부피가 같다는 것이다. 예로서 분자 자체의 크기가 현저히 차이나는 수소(H_2) 기체와 사염화탄소(CCl_4) 기체가 모두 동일한 분자 개수(동일한 몰 수)이면 그 부피도 같다. 이것은 분자들 사이의 거리가 매우 멀리 떨어져 있는 기체 상태의 특성 때문이다. 기체의 부피는 기체 분자들이 활동하는 공간의 크기에 의해 결정되고 기체 분자 자체의 부피는 기체 부피의 결정에 전혀 영향을 주지 못하기 때문이다.

$$V = k \cdot n \text{ (단, } P\text{와 } T\text{는 고정, } k\text{는 비례상수)} \qquad \text{식(6-6)}$$

6-3-6 달톤의 분압법칙

달톤의 분압법칙(Dalton's law of partial pressure)은 서로 반응하지 않는 혼합기체의 전체 압력(total pressure, P_t)[96]은 각 성분 기체의 분압(partial pressure, P_i)[97]의 합과

96) 전압이라고 한다.

갈다는 것이다. 또한 이 법칙에는 각 성분 기체의 분압이 전압에 성분 기체의 몰분율(mole fraction, X_i)을 곱한 것과 같다는 관계도 포함한다. 몰분율은 전체 몰 수(n_t)에 대한 특정 성분의 몰 수(n_i) 비율을 가리킨다.

$$P_t = P_1 + P_2 + P_3 + \cdots = \Sigma P_i$$ 식(6-7)

$$P_i = P_t \cdot X_i$$ 식(6-8)

$$\text{몰분율}(X_i) = \frac{\text{특정 성분의 몰 수}(n_i)}{\text{전체 몰 수}(n_t)}$$ 식(6-9)

예제 6-2) 28 g의 질소 기체, 4 g의 수소 기체, 96 g의 산소 기체가 들어있는 밀폐된 용기 내 전체 압력이 180 kPa이라면 성분 기체들의 분압은 각각 몇 kPa인가?

풀이) 28 g의 질소 기체, 4 g의 수소 기체, 96 g의 산소 기체의 몰 수는 각각 1 mol, 2 mol, 3 mol이고, 전체 몰 수는 6 mol이다. 따라서 각각의 몰분율은 1/6, 1/3, 1/2이 된다.

질소의 분압 = 180 × 1/6 = 30 (kPa)
수소의 분압 = 180 × 1/3 = 60 (kPa)
산소의 분압 = 180 × 1/2 = 90 (kPa)

정답) 질소의 분압은 30 kPa, 수소의 분압은 60 kPa, 산소의 분압은 90 kPa

6-3-7 상태방정식

이상기체의 상태를 결정짓는 네 개의 변수를 모두 한 개의 관계식 안에 넣은 것이 이상기체의 상태방정식이다.

이상기체 상태방정식 ; $P \times V = n \times R \times T$ 식(6-10)

97) 부분적인 압력, 부분압이라고 말하기도 한다.

이 식에서 R은 기체상수(gas constant)로서 단위에 따라 수치가 달라진다.

기체상수(R) : 8.314 Pa · m^3/mol · K
0.082 atm · L/mol · K
8.314 J/mol · K
1.987 cal/mol · K

몰(mol)은 물질의 질량(weight, W)을 몰질량(molar mass, M)으로 나눈 값이고, 질량을 부피로 나눈 것은 밀도(density, d)이므로 이상기체의 상태방정식은 밀도 항이 포함된 식으로 변형시킬 수 있다.

$$P \times V = n \times R \times T$$ 식(6-11)

$$\rightarrow P \times V = \frac{W}{M} \times R \times T$$ 식(6-12)

$$\rightarrow P \times M = \frac{W}{V} \times R \times T$$ 식(6-13)

$$\rightarrow P \times M = d \times R \times T$$ 식(6-14)

예제 6-3) 0℃, 1기압(atm)의 1몰(mol) 이상기체의 부피는 몇 L인가? (소수점 아래 첫째 자리까지 표기)

풀이) 압력과 부피의 단위가 각각 기압(atm)과 리터(L)이므로 이상기체 상태방정식에 사용해야 할 기체상수도 0.082 atm · L/mol · K이다. 따라서 온도는 절대온도로서 273 K이며 압력과 몰 수를 대입하여 계산하면 부피를 구할 수 있다.

$$P \times V = n \times R \times T$$
$$\rightarrow 1\ \text{atm} \times V = 1\ \text{mol} \times 0.082\ \text{atm} \cdot \text{L/mol} \cdot \text{K} \times 273\ \text{K}$$
$$\rightarrow V = 1\ \text{mol} \times 0.082\ \text{atm} \cdot \text{L/mol} \cdot \text{K} \times 273\ \text{K} \div 1\ \text{mol} = 22.386\ \text{L}$$

정답) 22.4 L

6-3-8 이동속도와 확산의 법칙

이상기체의 이동속도는 기체 분자의 분자량과 온도에 의해 결정된다. 동일한 온도의 경우 무거운 것은 느리고 가벼운 것은 상대적으로 빠르다. 그러나 같은 종류의 기체분자라 하더라도 기체 입자의 운동 속도는 Maxwell-Boltzmann 확률분포식을 따라 다양한 속도를 나타낸다. 이동속도를 표현하는 방법은 평균속도(mean speed, u), 최빈속도(most probable speed, $u_{m \cdot p}$), 근평균제곱속도(root mean square speed, u_{rms}) 등이 있으며, 근평균제곱속도가 가장 대표적으로 사용된다.

$$\text{근평균제곱속도}(u_{rms}) = \sqrt{\frac{3 \cdot R \cdot T}{M}} \qquad \text{식(6-15)}$$

여기서, R : 기체상수
T : 절대온도
M : 몰질량

예제 6-4) 몰질량이 20 g이고 온도가 27℃인 기체 분자의 근평균제곱속도는 몇 m/sec인가? (이상기체로 가정하고 계산 결과는 소수점 아래 둘째 자리까지 표기)

풀이) 속도의 단위가 m/sec이므로 전체적인 단위는 MKS체계[98]로 통일해야 한다.
따라서 기체상수(R)는 8.314 Pa · m^3/mol · K, 온도는 300 K, 몰질량은 0.02 kg이다.
이를 식(6-15)에 모두 대입하면,

$$\text{근평균제곱속도}(u_{rms}) \sqrt{\frac{3 \times 8.314 \times 300}{0.02}} = 611.6617 \text{ m/sec}$$

정답) 611.66 m/sec

이상기체의 확산 속도에 관한 것은 그레이엄의 확산법칙(Graham's law of diffusion)으로 정리된다. 즉, 두 기체(A, B)의 확산 속도비(v_A / v_B)는 두 기체의 몰질량(M)의 제곱근에 반비례한다는 것이다.

98) 길이는 미터(M), 무게는 kg, 시간은 초(sec, S)로 통일하는 계산 체계. CGS와 대비

그레이엄의 확산법칙 : $\frac{v_A}{v_B} = \sqrt{\frac{M_B}{M_A}}$ 식(6-16)

예제 6-5) 산소기체에 비해 확산 속도가 4배 빠른 기체의 종류는?

풀이) 확산 속도가 산소(O_2) 기체에 비해 4배가 빠르기 위해서는 식(6-16)에서 제곱근 안의 수치가 16이 되어야 한다. 따라서 산소 분자의 몰질량이 32 g이므로 상대적으로 4배 빠른 기체의 몰질량은 2 g이어야 한다. 그러므로 그 기체는 수소(H_2) 기체이다.

정답) 수소(H_2)

6-4 실제기체의 성질

실제기체는 실제로 존재하는 기체라는 본래의 의미를 가지고 있으나, 학문적으로는 이상기체에서 없다고 가정했던 두 요소를 모두 있다고 인정하는 기체이다. 이 두 요소는 실제기체의 부피를 동일한 몰 수의 이상기체 부피와 차이를 가지게 하는 원인이 된다. 만약 실제기체가 기체 분자 자체의 크기를 인정하여 기체의 부피에 그것을 포함시키게 되면 이론적으로는 아주 작게나마 기체의 부피를 크게 함으로써 실제기체의 부피를 이상기체의 부피보다 더 크게 한다.

두 번째로, 만약 실제기체에서 기체 분자 간 인력을 인정하면 분자 간 거리가 아주 작게나마 줄어들게 되어[99] 실제기체의 부피가 이론적으로는 이상기체의 부피보다 더 작아지게 된다.

그러므로 실제기체에 존재하는 두 요소는 부피 변화에 대해 상반된 작용을 나타내고 있다. 결국 어느 요소가 더 지배적으로 작용하는가에 따라 실제기체의 부피가 이상기체

99) 기체 용기 내부의 압력은 감소한다.

의 부피보다 더 커질 수도 있고 또는 더 작아질 수도 있다.

이 두 요소를 모두 반영한 실제기체의 상태방정식은 여러 형태가 제안되었으나 그 중 가장 대표적인 것이 반데르발스 식(Van der Waals' equation)이다.

6-4-1 반데르발스 식

반데르발스 식은 실제기체에 있는 두 요소를 모두 반영한 대표적인 상태방정식이다.

$$\left(P+\frac{n^2\cdot a}{V^2}\right)\cdot(V-n\cdot b)=n\cdot R\cdot T \qquad \text{식(6-17)}$$

이 식에서 a와 b는 기체의 종류에 따라 고유한 값을 가지는 반데르발스 상수(Van der Waals' constant)로서 각각 기체 분자 간 인력과 기체 분자 자체의 부피를 보정 해 주는 상수이다. 따라서 a는 기체 분자 간 인력의 크기에 비례하고, b는 분자 자체의 부피에 비례한다.

표 6-1 실제기체의 반데르발스 상수(a, b)

종류(화학식)	a (L^2atm/mol^2)	b (L/mol)
헬륨(He)	0.0341	0.0237
수소(H_2)	0.244	0.0266
아르곤(Ar)	1.34	0.0322
산소(O_2)	1.36	0.0318
질소(N_2)	1.39	0.0391
메테인(CH_4)	2.25	0.0428
이산화탄소(CO_2)	3.59	0.0427
수증기(H_2O)	5.46	0.0305

그러나 일반적인 조건에서는 이상기체와 실제기체가 부피의 차이를 거의 나타내지 않는다. 압력이 지극히 높거나[100)] 온도가 지극히 낮을 경우[101)]에만 이상기체와 실제기체

의 부피가 실제적인 차이를 나타낸다. 압력이 지극히 높으면 기체 상태에서도 분자 간 거리가 매우 가까워지므로 기체 부피 전체에 대한 분자 자체의 부피도 무시할 수 없기 때문이며, 온도가 지극히 낮아지면 분자 운동에너지의 감소에 따른 기체 분자들의 운동 속도가 작아지기 때문이다. 즉, 분자의 운동 속도가 느려지면 기체 분자 간 인력도 무시할 수 없게 된다.

예제 6-6) 부피가 0.2 m^3인 밀폐용기 내 25℃의 질소 기체가 56 g 들어있다. 용기 내 압력은 몇 kPa인가? (소수점 아래 두번째 자리까지 표기, 표 6-1 참조)

풀이) 실제기체의 압력은 반데르발스식을 이용하여 구한다. 표 6-1의 상수값 a와 b가 모두 부피는 리터(L)로, 압력은 기압(atm) 단위이므로 압력을 기압 단위로 먼저 계산한 후 파스칼 단위로 바꿔주면 된다. 부피도 리터(L)로 통일해야 하므로 0.2 m^3는 200 L이다(1 m^3 = 1000 L). 질소 기체(N_2)는 몰질량이 28 g이므로 56 g은 2몰(mol)이다. 그리고 온도는 절대온도(K)이므로 25℃는 298 K이고 기체상수는 0.082 atm · L/mol · K를 사용해야 한다.

$\left(P+\frac{n^2 \cdot a}{V^2}\right) \cdot (V-n \cdot b)=n \cdot R \cdot T$에 $V=200\ \mathrm{L}$, $n=2\ \mathrm{mol}$, $T=298\ \mathrm{K}$, $R=0.082\ \mathrm{atm \cdot L/mol \cdot K}$, $a=1.39\ \mathrm{L^2 atm/mol^2}$, $b=0.0318\ \mathrm{L/mol}$ 를 모두 대입한다.

→ P ≒ 0.2443 atm (단, 1 atm ≒ 101.325 kPa이므로)

→ P ≒ 24.7575 kPa

정답) 24.76 kPa

6-4-2 압축인자

이상기체와 실제기체가 어느 정도의 차이를 가지는가를 나타내는 항목이 압축인자(compressibility factor, Z)이다. 압축인자는 이상기체 1몰의 부피($V_{i \cdot g}$)에 대한 실제기체 1몰의 부피($V_{r \cdot g}$) 비율로 정의된다.

100) 최소 수 십에서~수 백 기압 정도

101) 영하 백 도 정도 이하에서

$$\text{압축인자}(Z) = \frac{\text{실제기체 1몰 부피}(V_{r \cdot g})}{\text{이상기체 1몰 부피}(V_{i \cdot g})} \quad \text{식(6-18)}$$

압축인자가 1이면 이상기체를 의미하지만 1보다 큰 경우($Z>1$)는 실제기체의 부피가 이상기체의 부피보다 크다는 것을 나타낸다. 이 경우 실제기체에 존재하는 두 요소 중 실제기체의 부피를 더 크게 해주는 분자 자체의 부피효과가 분자 간 인력효과보다 더 지배적으로 실제기체에 작용했음을 알 수 있다. 그와는 반대로 압축인자 수치가 1보다 작은 경우($Z<1$)는 실제기체 내 분자 간 인력효과가 분자 자체의 부피효과보다 더 지배적으로 작용하여 실제기체의 부피를 이상기체보다 더 작게 한 결과이다.

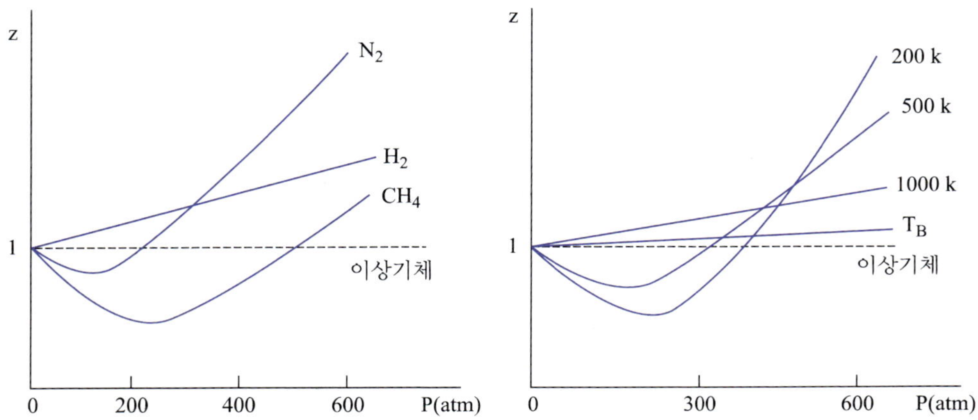

그림 6-4 **실제기체의 압축인자(Z)–압력(P) 도표**

압력과 압축인자의 관계를 보여주는 것이 압축인자–압력($Z-P$) 도표이다. 압축인자는 동일한 온도와 압력의 경우 기체 분자의 종류에 따라 달라지며 분자량이 작을수록 곡선의 위치가 상대적으로 위쪽이다. 이는 다른 기체들에 비해 분자 자체의 부피효과가 실제기체의 부피 결정에 더 지배적으로 작용함을 의미한다. 또한 동일한 기체의 경우에는 온도가 올라갈수록 곡선의 위치 또한 상대적으로 올라간다. 이 점은 온도가 상승할수록 기체 분자들의 운동에너지가 증가하여 분자 간 인력의 크기를 감소시키기 때문이다. 이는 실제기체의 부피를 이상기체의 부피보다 더 작게 하는 분자 간 인력 효과가 온도 상승에 따라 약해진 결과이다.

6-4-3 보일온도

보일온도(Boyle's temperature, T_B)는 실제기체가 넓은 압력 구간에서 이상기체와 유사한($Z \simeq 1$) 상태를 나타내는 온도이다. 이 온도는 실제기체에 있는 두 요소 즉, 분자 자체의 부피효과와 분자 간 인력효과가 넓은 압력 구간에서 실제기체의 부피 결정에 서로 대등하게 작용한 결과이다. 보일온도는 기체 분자의 종류에 따라 서로 달라지며 반 데르발스 상수들(a, b)과 기체상수(R)로부터 계산할 수 있다.

$$\text{보일온도}(T_B) = \frac{a}{R \cdot b} \qquad \text{식(6-19)}$$

6-4-4 임계온도

실제기체의 압력(P)−부피(V) 도표 내 등온선의 모양은 이상기체와 차이를 나타낸다. 등온선의 곡선 형태가 자연스럽지 않고, 압력이 일정한 상태에서도 서로 다른 부피가 존재할 수 있는 영역[102)]이 나타난다. 이 영역은 실제기체가 액화(liquifaction)[103)]되는 현상을 보여준다. 즉, 그림 6-5에서 1이라는 지점으로부터 2라는 지점으로 이동한다는 것은 실제기체의 부피가 감소하는 동안에도 압력은 같다는 의미이다. 그러므로 이 영역은 실제기체가 분자 간 인력에 의해 스스로 액화되는 상태를 보여준다. 따라서 이 영역이 나타나기 시작하는 변곡점이 임계점(critical point)이며 임계점에서의 온도와 압력과 부피를 각각 임계온도(critical temperature, T_c), 임계압력(critical pressure, P_c), 임계부피(critical volume, V_c)라고 한다. 실제기체는 임계온도보다 더 높은 온도에서는 압력의 크기와 무관하게 액화가 진행될 수 없다. 그러므로 임계온도는 실제기체가 액화 가능한 최고의 온도이다.

102) 그림 6-5에서 어두운 부분

103) 정확하게는 응축(condensation)현상

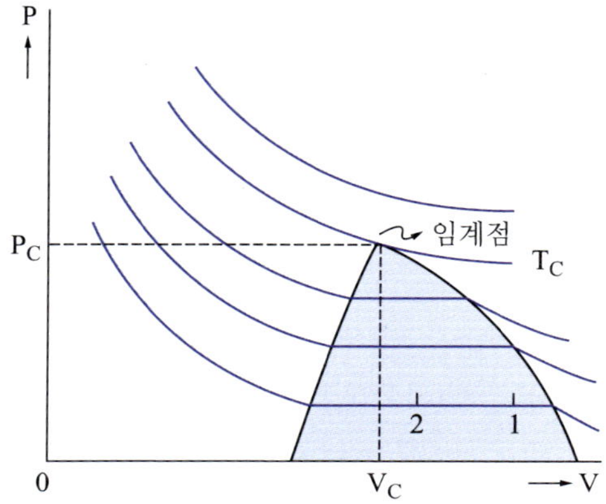

그림 6-5 실제기체의 임계점과 임계온도

표 6-2 표 6-2 실제기체의 임계온도(T_c)와 임계압력(P_c)

종류(화학식)	T_c (K)	P_c (atm)
질소(N_2)	12.61	33.5
아르곤(Ar)	150.9	48
산소(O_2)	154.4	49.7
이산화탄소(CO_2)	304.3	73
암모니아(NH_3)	405.6	111.5
물(H_2O)	647.6	217.7

Chapter 6 연습문제

1. 자동차 타이어의 정상적인 공기압은 38 psi 정도이다. 몇 기압(atm)인가? (소수점 아래 첫째 자리까지만 표기)

2. 대기압 하에서 부피가 10 L인 실린더 내 들어있는 -73℃ 이상기체의 부피를 두 배로 팽창시킨 후 온도를 27℃로 높였다. 실린더 내 최종적인 압력은 몇 기압(atm)인가?

3. 27℃ 이상기체로 채워진 밀폐 용기 내 압력이 150 kPa이다. 온도를 127℃로 높일 경우 용기 내 최종적인 압력은 몇 kPa인가?

4. 25℃, 0.8 기압(atm)의 56 g의 질소기체의 부피는 몇 L인가? (이상기체로 가정, 소수점 아래 첫째 자리까지 표기)

5. 수소 기체의 밀도를 0.5 g/L라고 가정한다면 127℃ 밀폐 용기 내 수소 기체의 압력은 몇 기압(atm)인가? (이상기체로 가정)

6. 1 m 유리관 양쪽 끝에 HCl과 NH_3가 각각 묻어있다. HCl과 NH_3가 반응하여 생성된 NH_4Cl의 흰색 연기는 HCl로부터 몇 cm 떨어진 곳에 최초로 생기겠는가? (Cl의 원자량은 35.45, 소수점 아래 첫째 자리까지 표기)

7. $Z<1$ 영역에서 실제기체의 부피를 결정하는데 지배적인 영향을 주는 요소는 이상기체에서 무시했던 두 가지 요소 중 무엇인가?

8. 27℃ 대기 중 질소 기체 분자의 U_{rms} 는 몇 m/sec인가? (소수점 아래 첫째 자리까지 표기)

9. 산소 기체의 반데르발스 상수는 a와 b가 각각 1.36 L^2atm/mol^2과 0.0318 L/mol이다. 산소 기체의 보일온도는 몇 ℃인가? (소수점 아래 첫째 자리까지 표기)

10. 고도 10,000 m에서 비행 중인 항공기의 바깥 기온이 −40℃이었다. 이 경우 동일 지점의 지표면 기온은 대략 몇 ℃인가?

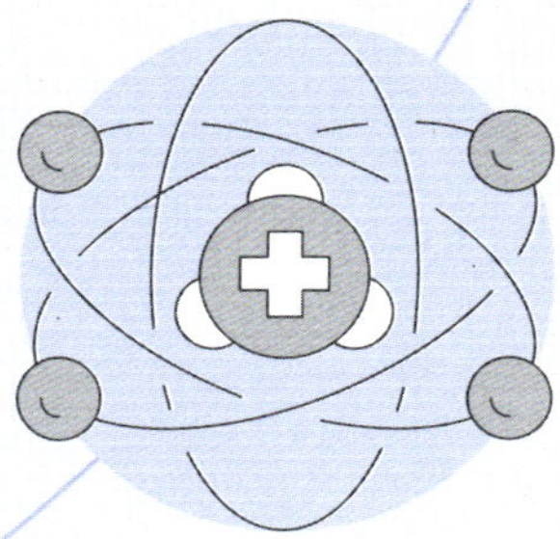

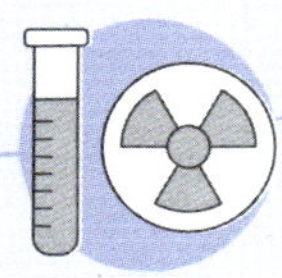

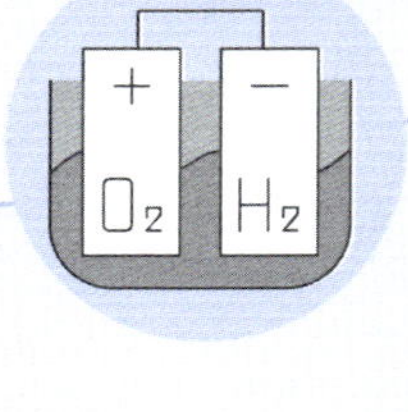
+
−
O_2
H_2

Chapter 7

액체와 고체

액체상과 고체상은 기체상과 달리 분자 사이의 거리가 더 좁혀질 수 없는 상태로 가깝다. 이로 인해 액체상과 고체상의 부피는 기체상에 비해 상대적으로 매우 작으며 외부의 압력 변화와 온도 변화에도 거의 변하지 않는다. 또한 분자간 인력이 작용하므로 액체의 표면에서 액체 내부로 향하는 표면장력(surface tension)이 발생한다. 이는 액체 표면에 있는 분자들이 주위 분자들로부터 받는 분자간 인력의 합이 액체 표면의 수직 아래쪽 방향을 향하기 때문이다. 액체 표면에 존재하는 표면장력은 모세관 내 액체 표면의 곡선 모양(meniscus)에 따라 액체의 높이를 달라지게 하는 모세관현상(capillary action)의 근본적인 원인이다.

예제 7-1) 100℃, 1기압의 H_2O 1몰(mol)은 수증기일 때의 부피가 물일 때의 부피보다 몇 배인가? (이상기체로 가정하고 물의 밀도는 1 g/cm^3, 소수점 아래 첫째 자리까지만 표기)

풀이) 물의 몰질량이 18 g이고 밀도가 1 g/cm^{3}이므로 부피는 18 cm^{3}이다.
수증기의 부피는 이상기체의 상태방정식을 이용하여 계산한다.

$$P \times V = n \times R \times T$$

$$\rightarrow 1\ (\text{atm}) \times V\ (\text{L}) = 1\ (\text{mol}) \times 0.082\ (\text{atm} \cdot \text{L/mol} \cdot \text{K}) \times 373\ (\text{K})$$

$$\rightarrow V = 30.586\ \text{L} = 30586\ \text{cm}^3$$

그러므로 부피의 배율은 30586/18 = 1699.22

정답) 1699.2배

액체상은 담겨진 용기의 모양에 따라 외형이 변화할 수 있다는 점과 분자들의 배열이 상대적으로 무질서하다는 것이 고체상과의 근본적인 차이점이지만, 분자들의 배열이 불규칙하다는 점은 무정형(amorphous)[104] 고체와 액정(liquid crystal)의 존재로 인해 고체상과의 구분이 모호하다.

104) 비결정과 같은 표현

7-1 액체의 성질

액체는 온도에 따른 차이는 있으나 기체로 바뀌는 과정이 모든 종류의 액체에서 자연적으로 진행된다. 그러나 밀폐된 용기 내부에 있는 액체는 그 증발 과정이 무한히 지속되지는 않는다. 액체로부터 증발된 기체 상태의 분자들이 나타내는 압력이 증기압(vapour pressure)이며 밀폐 용기 내 증기압이 최대가 되고 변화가 없는 상태를 평형증기압(equilibrium vapour pressure) 또는 포화증기압(saturated vapour pressure)이라 한다. 평형증기압은 액체상 분자들이 기체상으로 바뀌는 증발 현상의 경향과 기체상 분자들이 액체상으로 되돌아가는 응축 현상의 경향이 서로 같은 상태이어서 겉으로 보기에는 증기압의 변화가 없는 것 같이 보이는 동적인 평형(dynamic equilibrium)상태이다.

증기압은 온도가 증가하면 함께 증가하는데 평형증기압이 대기압과 같아지는 온도가 정상끓는점(normal boiling point)이다. 일반적으로 대기압은 1기압(atm)이며 101,325 Pa 또는 760 mmHg (torr)[105]이다. 대기압 하에서 물은 100℃에서 끓고, 에틸알코올은 78.3℃에서 끓는다. 만약 외부 압력이 1기압 이하이면 물의 끓는 온도는 100℃ 이하이고, 1기압 이상이면 끓는 온도도 100℃ 이상이다. 산 위에서 밥을 지으면 쌀이 설익는 현상과 압력밥솥에서 지은 밥이 맛있다는 근거는 모두 이런 이유들 때문이다.

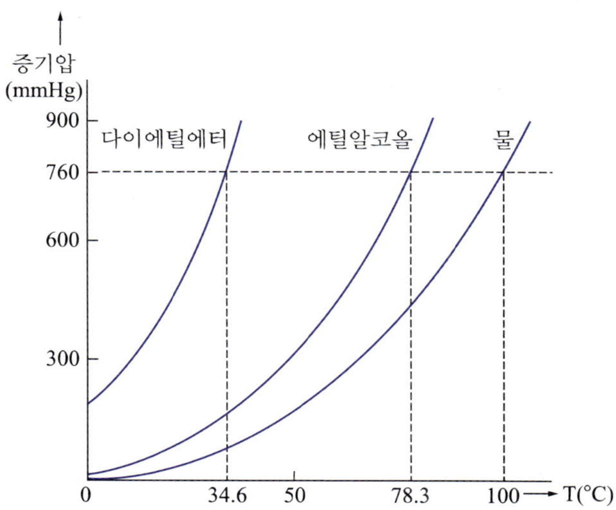

그림 7-1 액체의 증기압 곡선과 정상끓는점

105) torr (토르), 기압의 크기를 실험한 과학자 토리첼리(Torricelli)의 이니셜

7-2 고체의 구조

고체의 내부 구조는 분자들의 규칙적인 배열로 이루어진 결정형(crystal type)과 그렇지 못한 무정형(amorphous type)의 두 종류로 나눈다. 일반적인 유리는 투명하지만 무정형이므로 고체의 투명성으로 결정성의 여부를 확인할 수 없다. 고체의 결정 구조는 반복되는 기본 단위인 단위격자(unit cell)의 존재를 통해 확인한다. 고체 결정의 종류는 X선 회절법(X-ray diffraction spectroscopy)을 이용한 단위격자의 모양을 조사하여 확인한다. X선 회절법을 이용하여 단위격자의 구조를 밝히는 방법은 브래그의 법칙(Bragg's law)이 그 이론적 배경이다.

브래그의 법칙 : $n \cdot \lambda = 2d \cdot \sin\theta$ 식(7-1)

여기서, n : 정수배

λ : X선의 파장

d : 결정면 간 거리

θ : X선 입사각

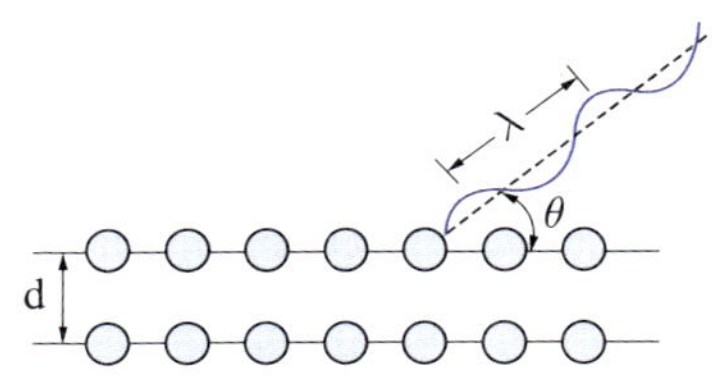

그림 7-2 브래그의 법칙

X선 회절법에 의해 밝혀진 결정의 종류로는 크게 입방결정(cubic), 정방결정(tetragonal), 사방결정(orthorhombic), 마름모결정(rhombohedral), 육방결정(hexagonal), 단사결정(monoclinic), 삼사결정(triclinic)의 7가지가 있다. 이를 다시 단위격자 내 원자들의 추가적인 충진 형태에 따라 단순(simple, P), 체심(body centered, I), 면심(face centered, F), 저심(base centered, C)으로 세분하면 14종류의 브라바이스 결정계(Bravais crystal system)로 구분된다. 대략적으로 입방결정은 정육면체 주사위 모양, 정방결정과 사방결정은 직육면체 모양, 마름모결정은 정육면체가 대각선 방향으로 서로 힘이 가해진 모양,

육방결정은 육각기둥 모양, 단사결정과 삼사결정은 정방결정과 사방결정을 각각 특정 방향으로 힘을 가한 모양이다. 표 7-1에서 a, b, c는 각각 단위결정의 가로, 세로, 높이를 α, β, γ는 그 대각을 가리킨다.

표 7-1 Bravais 14 결정계

결정명	구조 특성	형태	대표적 예
입방결정	$a=b=c$ $\alpha=\beta=\gamma=90°$	P, I, F	염화소듐
정방결정	$a=b\neq c$ $\alpha=\beta=\gamma=90°$	P, I	금홍석
사방결정	$a\neq b\neq c$ $\alpha=\beta=\gamma=90°$	P, I, C, F	황산납
마름모결정	$a=b=c$ $\alpha=\beta=\gamma\neq 90°$	R (=P)	방해석
육방결정	$a=b\neq c$ $\alpha=\beta=90°,\ \gamma=120°$	P	흑연
단사결정	$a\neq b\neq c$ $\alpha=\gamma=90°\neq\beta$	P, C	단사황
삼사결정	$a\neq b\neq c$ $\alpha\neq\beta\neq\gamma\neq 90°$	P	중크롬산포타슘

단순(P) 구조는 육면체의 8개 꼭짓점에 원자들이 존재하는 기본형으로서 꼭짓점 원자의 부피 중 $\frac{1}{8}$씩 단위격자 내부에 포함되므로 단위격자 내 전체 원자 개수는 한 개이다[106]. 체심(I)은 단순 구조에 추가적으로 단위격자 내부 중심에 원자가 한 개 더 들어 있는 구조이다. 따라서 단위격자 내 원자의 개수는 두 개이다.[107] 면심(F) 구조는 단순형에 추가하여 육면체의 여섯 면 중심에 원자들이 있는 모양이며, 면 중심에 있는 원자는 그 부피의 절반이 단위격자 내 공간에 포함되므로 단위격자 내 원자의 총 개수는 네 개이다.[108] 저심(C) 구조는 단순형에 추가하여 단위격자의 위쪽 천장면과 아래쪽 바닥

106) $\frac{1}{8}\times 8 = 1$

107) $\frac{1}{8}\times 8 + 1 = 2$

108) $\frac{1}{8}\times 8 + \frac{1}{2}\times 6 = 4$

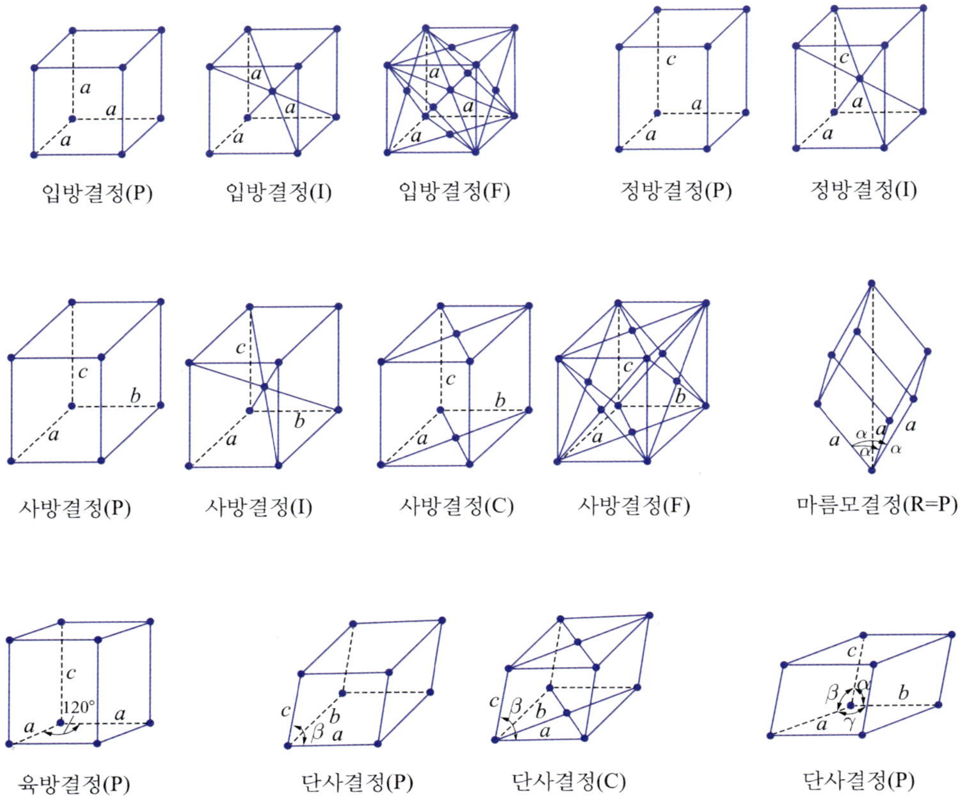

그림 7-3 Bravais 14 결정계

면의 면심에만 원자들이 하나씩 추가된 모양이므로 단위격자 내 총 원자의 개수는 두 개이다.[109]

단위격자 내 원자의 개수를 가장 많게 수용하는 것이 조밀충진(closest packing, cp)이다. 조밀충진은 단위격자 내 원자들의 배열 위에 가장 근접하게 두 번째 원자층을 배열하는 방법이다. 이는 구형(spherical) 원자들 바로 위에 중심축이 일치되도록 두 번째 층을 쌓는 것이 아니라 원자와 원자가 맞닿아 있는 오목한 곳에 두 번째 층의 원자들이 놓이도록 하는 것이다. 여기에는 두 가지 형태가 있다. 입방결정(cubic)과 같이 육면체가 기본인 결정들은 최조밀충진 시(ccp)[110] 원자들의 중심축이 수직적으로 서로 다르게 쌓여지고 네 번째 원자층이 되면 다시 첫 번째 층과 중심축이 일치되는 형태이다. 즉,

109) $\frac{1}{8} \times 8 + \frac{1}{2} \times 2 = 2$

110) cubic closest packing의 약자

중심축이 일치되는 경우를 ABCABC … 로 표현할 수 있고 이를 ABC형(ABC type)이라고 한다. 그러나 육방결정(hexagonal)의 경우에는 최조밀충진 시(hcp)[111]세 번째 층에서 중심축이 첫 번째 층과 일치되는 구조이어서 ABAB … 로 표현할 수 있고 AB형(AB type)이다. 조밀충진 구조는 결정 내 3차원적 입체구조를 방향(direction)과 면(plane)으로 표현하는 밀러지수(Miller indices)로 나타낸다.

또한 결정성 고체는 단위격자의 격자점[112]을 점유하고 있는 화학종(chemiacl species)에 따라 이온성고체(ionic solid), 공유결합성고체(covalent bond solid)[113], 금속성고체(metallic solid), 분자성고체(molecular solid)로 구분한다. 소금(NaCl)이나 형석(CaF_2) 등 대부분의 이온성고체는 격자점을 양이온과 음이온이 교대로 차지하며, 다이아몬드와 탄화규소(SiC) 등의 강도가 강한 공유결합성고체는 원자가 격자점을 점유한다. 금속성고체는 모든 금속의 결정구조로서 금속양이온이 격자점에 있고, 분자성 고체는 얼음(H_2O)이나 드라이아이스(CO_2)와 같이 격자점을 물 분자와 이산화탄소 분자들이 차지한다. 그러므로 결정성 고체의 기계적 강도는 공유결합성 고체가 가장 크고 분자성고체가 가장 약하다.

7-3 결정결함

결정결함(crtstal defect)은 결정 구조 내 반복되는 규칙성이 깨진 부분을 가리킨다. 결정의 결함에는 1차원적인 점결함(point defect), 2차원적인 선결함(line defect), 3차원적인 면결함(plane defect)이 있다.

점결함은 이온성 결정에서 흔히 볼 수 있으며 동일 개수의 반대 이온들의 결핍으로 인한 쇼트키결함(Schottky imperfection)과 정상적인 위치로부터의 이탈로 인한 프렌켈결함(Frenkel imperfection)이 대표적이다.

111) hexagonal closest packing의 약자
112) lattice point
113) 원자성 고체라고 하기도 함.

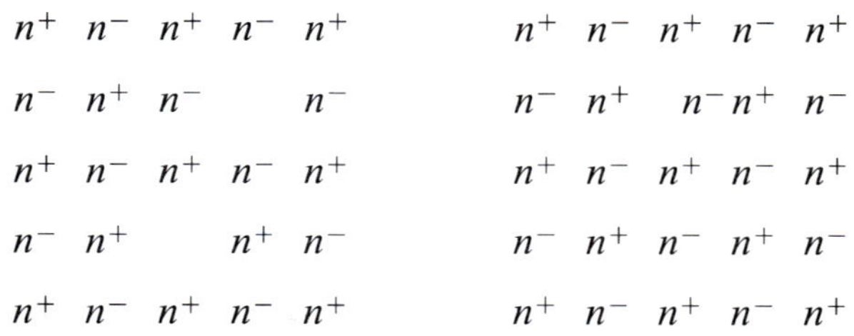

쇼트키 결함 프렌켈 결함

그림 7-4 점결함의 종류와 형태

선결함은 직선적인 원자 배열면의 불규칙적 삽입에 의한 모서리전위(edge dislocation)와 원자 배열면의 나선형 진행에 의한 나사전위(screw dislocation)가 있다. 면결함은 다결정금속의 응고 조직 내 형성된 불규칙 경계면인 결정립계(grain boundary)[114]가 대표적이다. 결정립계는 3차원적 결함으로서 결정립(crtstal grain)[115]의 방향도 서로 다르고 경계에서의 원자 배열도 불규칙하다.

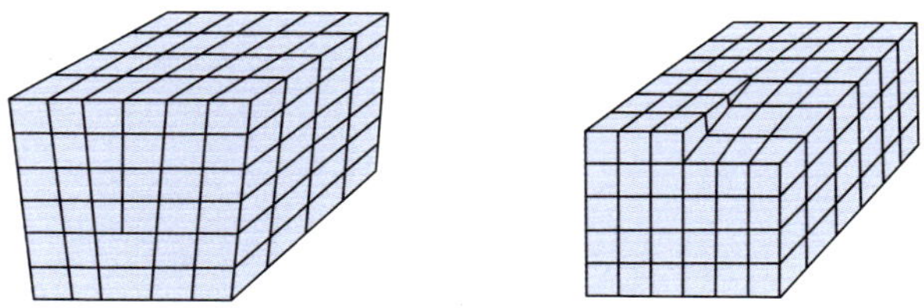

모서리전위 나사전위

그림 7-5 선결함의 종류와 형태

114) 서로 다른 결정 조직들 사이의 3차원적 경계

115) 결정방향이 다른 조직들 중 구분되는 한 개의 조직

7-4 액정

액정(liquid crystal)은 규칙적 결정 구조를 가진 액체상 물질을 가리킨다. 액체 상태는 일반적으로 분자들의 배열이 무질서하나 액정은 고체상 결정처럼 내부 구조가 결정성 영역을 가진다. 액정의 결정성은 분자 배열의 특성에 따라서 네마틱(nematic), 스멕틱(smectic), 콜레스테릭(cholesteric)[116]으로 구분한다. 네마틱은 결정 내 분자들의 배열이 서로 평행되게 나란하지만 말단 부분은 서로 일치되지 않고 들쭉날쭉하다. 스멕틱은 네마틱에 비해 상대적으로 낮은 온도에서 볼 수 있는데 분자들의 배열 방향이 서로 평행되고 말단 부분도 일치되게 가지런하다. 대표적인 예는 비누 분자들의 배열을 들 수 있다. 콜레스테릭은 서로 다른 분자 배열층들이 자체적으로는 각각 나란하지만 다른 층 사이에는 비틀린(twisted) 구조이다.

액정은 또한 결성성을 지배하는 요인에 의해 구분할 수 있으며 온도에 따라 액정의 분자배열이 달라지는 온도전이형 액정(thermotropic liquid crystal)과 농도에 따라 액정의 결정성이 변하는 농도전이형 액정(lyotropic liquid crystal)이 있다. 온도전이형 액정으로는 네마틱과 스멕틱도 볼 수 있으나 더 높은 온도에서 볼 수 있는 네마틱이 대표적이다. 액정은 온도와 농도에 따라 결정성이 달라짐을 이용하여 디스플레이와 같은 광학적 용도 등으로 생활에 널리 이용된다.

116) 카이랄(chiral) 액정이라고 하기도 함.

Chapter 7 연습문제

1. 분자간 인력의 크기와 증발열의 크기는 (비례, 반비례, 무관)한(하)다.

2. 100℃, 2기압의 H_2O 9 g은 수증기일 때의 부피가 물일 때의 부피보다 몇 배인가? (이상기체로 가정하고 물의 밀도는 1 g/cm^3, 소수점 아래 첫째 자리까지만 표기)

3. 액체 표면에 위치한 분자들에게 작용하는 표면장력은 (위쪽, 아래쪽, 옆쪽) 분자와의 인력이 없기 때문이다.

4. 20℃의 다이에틸에터와 30℃의 에틸알코올 중 증기압이 더 큰 것은? (그림 7-1 참조)

5. 물의 증기압이 600 mmHg이라면 물의 끓는 온도는 (70, 80, 90)℃ 정도이다. (그림 7-1 참조)

6. 7개의 결정 종류들 중 저심(base centered, c)의 구조를 가지는 것은?

7. 980 hPa의 압력은 몇 torr인가? (소수점 아래 첫째 자리까지만 표기)

8. 체심정방결정(body centered tetragonal, bct)의 단위격자 내 원자의 총 개수는?

9. 분자성고체에서 격자점 사이의 힘은 무엇인가?

10. 파장이 3×10^{-10} m이고 결정면간 거리는 5×10^{-10} m이다. X선의 회절무늬가 나타나는 입사각을 작은 것부터 두 개만 계산하시오(소수점 아래 첫 번째 자리까지만 표기).

+
−
O2
H2

Chapter 8

용액

용액(solution)은 두 종류 이상의 물질이 잘 섞여 있는 균일혼합물(homogeneous mixture)이다. 용액은 액체뿐만 아니라 세 가지 상이 모두 가능하며 공기는 대표적인 기체 용액이고 합금은 전형적인 고체 용액이다. 특히 고체 용액을 고용체(solid solution)라고 한다. 용액 안에는 두 성분 이상이 있으므로 동일한 상의 경우 양이 많은 쪽은 용매(solvent), 작은 쪽은 용질(solute)이다. 용액을 구성하는 성분들의 상이 서로 다른 경우에는 상대적으로 분자 이동이 자유스러운 쪽이 용매가 된다. 예로서 고체상 소금과 액체상 물이 용액을 형성한다면 당연히 물이 용매이고 소금은 용질이다. 물과 같은 극성분자가 용매이면 극성용매라고 하고, 소금과 같은 이온화합물이 용질이면 전해질(electrolyte)이라고 한다. 따라서 소금물과 같이 용액 내 전해질이 해리(dissociation)[117] 되어 이온들이 존재하는 용액은 전해질용액이며 소금과 같이 100% 해리되는 용질은 강전해질(strong electrolyte)이다. 그러나 설탕이 용질이면 물과 만나도 분자가 해리되지 않으므로 설탕물은 비전해질용액이 된다.

8-1 용액의 종류

용액은 실제로 만날 수 있는 다양한 종류의 실제용액과는 달리 가상적인 용액이 있다. 이것은 이상용액(ideal solution)이며 라울의 법칙(Raoult's law)을 만족하는 용액이라고 정의한다.

117) 중성분자가 양이온과 음이온으로 분리되는 것

8-1-1 이상용액

이상용액의 성질로 표현되는 라울의 법칙은 식(8-1)과 같다.

$$P_{soln.} = X_{solv.} \times P^{\circ}_{solv.} \qquad \text{식(8-1)}$$

여기서, $P_{soln.}$: 용액 내 용매 성분의 증기압

$X_{solv.}$: 용매의 몰분율

$P^{\circ}_{solv.}$: 용매의 순수증기압

즉, 라울의 법칙은 "용액 내 용매 성분의 증기압은 용매 100%일 때의 증기압(순수증기압, $P^{\circ}_{solv.}$)에 용매의 몰분율을 곱한 것과 같다"로 표현된다. 이것은 용매의 증기압이 용액이 되기 전 용매로만 100% 존재할 때 가졌던 순수증기압이 가장 컸고, 용액을 형성한 후 용매의 증기압은 용액 내 용매의 몰분율에 따라 조금씩 낮아졌음을 나타낸다.

8-1-2 실제용액

실제용액(real solution)은 실제로 존재하는 모든 종류의 용액들이며 라울의 법칙과 약간의 편차를 나타내는 비이상성(nonideality)을 가진다. 라울의 법칙은 증기압이 몰분율에 직선적으로 비례하지만 실제용액의 증기압은 이상용액의 증기압에 비해 상대적으로 약간씩 높은 값을 나타내거나(양의 편차)[118] 또는 약간씩 낮은 증기압을 보인다(음의 편차)[119].

액체상 이성분계 용액에서의 각 성분의 증기압은 용액 내 성분의 몰분율과 연관된다. 증기압은 액체상 분자가 기체상으로 증발하는 압력이므로 용액 내 A성분 또는 B성분의

118) positive deviation

119) negative deviation

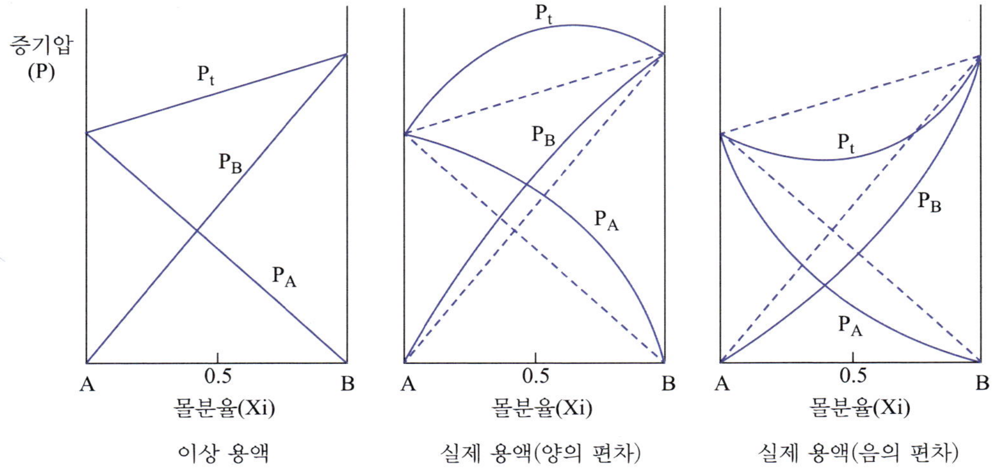

그림 8-1 이상용액과 실제용액의 증기압

양이 상대적으로 많을수록[120] 그 성분의 증기압도 커진다. 이상용액의 경우에는 라울의 법칙이 적용되므로 증기압의 크기가 정확히 몰분율의 크기에 직선적으로 비례한다. 그러나 실제용액의 경우에는 양의 편차를 나타내거나 음의 편차를 나타낸다. 이것은 용매 분자와 용질 분자 사이의 분자간 인력과 관련이 있다. 즉, 용매 분자와 용질 분자 사이의 인력은 다른 종류 분자들 사이의 인력이므로 이종분자[121] 간 인력이고, 용질 분자와 용질 분자 사이의 인력 또는 용매 분자와 용매 분자 사이의 인력은 동종분자[122] 간 인력이다. 만약 동종분자 간 인력이 이종분자 간 인력보다 강하면 용액 형성 시 용매 분자와 용질 분자가 서로 밀어내는 효과로 인해 증기압은 이상용액에 비해 더 큰 값을 가지는 양의 편차를 나타낸다. 그러나 이종분자 간 인력이 동종분자 간 인력보다 강하면 용액 형성 과정에서 용매 분자와 용질 분자가 서로 끌어당기게 되어 증기압은 이상용액에 비해 낮아지는 음의 편차를 나타낸다. 실제용액에서 벤젠-클로로포름 용액은 이상용액과 유사한 증기압을 나타내지만 에틸알코올-헥세인 용액은 양의 편차를, 물-아세톤 용액은 음의 편차를 나타내는 대표적인 예이다.

120) 몰분율이 클수록
121) 다른 종류의 분자
122) 같은 종류의 분자

8-2 용해도와 용액의 농도

용해도(solubility, s)는 용액 내 용질이 얼마나 많이 녹아있는지를 나타내는 척도이고, "용매 100 g에 녹아있는 용질의 g 수를 백분율(%)로 표기한 것"으로 정의한다.

고체상 용질이 액체상 용매에 용해된 용액의 용해도는 용액의 온도 상승에 따라 고체 용질의 용해도가 증가한다. 실제로 수용성인 이온성고체가 물에 녹는 경우 황산소듐(Na_2SO_4) 등 예외적인 몇 가지 물질을 제외하고는 거의 대부분의 용질 고체가 수온의 상승에 따라 용해도도 증가한다.

용액 내 존재하는 용질의 양이 용해도와 동일하게 들어있는 경우가 포화용액(saturated solution)이고 용해도 보다 작게 들어있는 경우는 불포화용액(unsaturated solution)이다. 만약 용액에 용해도를 초과하는 용질을 넣어주면 과포화용액(supersaturated solution)이 되고 용해도를 넘는 용질은 그 양만큼 용액 아래로 침전된다.

용해도에 관한 헨리의 법칙(Henry's law)은 용매가 액체상이고 용질이 기체인 용액에 관한 것으로서 기체 용질의 용해도는 용질 기체의 압력(P용질)에 비례한다는 것이다.

$$\text{기체의 용해도(s)} = k_H \cdot P_{\text{용질}} \qquad \text{식(8-2)}$$

다만 헨리의 법칙에서의 비례상수(k_H)는 온도에 반비례한다. 즉, 용매의 온도가 낮을수록 용질 기체의 용해도가 증가한다. 잠수병(diver's disease)과 차가운 탄산음료를 따른 컵에 기포가 생기는 이유도 모두 헨리의 법칙으로 설명할 수 있다.

용액의 농도는 질량백분율(wt.%), 부피백분율(vol.%), ppm[123], ppb[124], 몰농도(molarity, M), 몰랄농도(molality, m), 노르말농도(Normality, N), 몰분율(mole fraction, X) 등으로 나타낼 수 있다.

$$\text{질량백분율(wt.\%)} = \frac{\text{용질의 질량}}{\text{용액의 질량}} \times 100 \qquad \text{식(8-3)}$$

$$\text{부피백분율(vol.\%)} = \frac{\text{용질의 부피}}{\text{용액의 부피}} \times 100 \qquad \text{식(8-4)}$$

123) parts per million의 약자, 백만 분의 일 농도

124) parts per billion의 약자, 십억 분의 일 농도

$$ppm = \frac{1}{10^6} \text{ 농도} \left(\frac{\text{용질 mL}}{\text{용액 m}^3} \text{ 또는 } \frac{\text{용질 mg}}{\text{용액 kg}} \right)$$ 식(8-5)

$$ppb = \frac{1}{10^9} \text{ 농도} \left(\frac{\text{용질 } \mu L}{\text{용액 m}^3} \text{ 또는 } \frac{\text{용질 } \mu g}{\text{용액 } kg} \right))$$ 식(8-6)

$$\text{몰농도(molarity, M)} = \frac{\text{용질의 몰(mol) 수}}{\text{용액 1L}}$$ 식(8-7)

$$\text{몰랄농도(molality, m)} = \frac{\text{용질의 몰(mol) 수}}{\text{용매 1kg}}$$ 식(8-8)

$$\text{노르말농도(Normality, N)}^{125)} = \frac{\text{용질의 당량수}}{\text{용액 1L}}$$ 식(8-9)

$$\text{몰분율(mole fraction, X)} = \frac{\text{용질의 성분 몰(mol) 수}}{\text{용액의 총 몰(mol) 수}}$$ 식(8-10)

노르말농도는 용질의 당량수로 표현되는 농도 단위이다. 당량(equivalence)은 동일한 양이라는 의미이다. 즉, 염산 1몰(mol)은 1당량이나 황산 1몰(mol)은 2당량이다. 염산과 황산은 모두 산성을 나타내는 분자들이다. 그러나 산성을 나타내는 수소이온(H^+)이 염산 분자 한 개에서는 한 개가 나오지만 황산 분자 한 개에서는 두 개가 나오기 때문이다. 즉, 동일한 몰 수에서 황산은 염산에 비해 실제로 두 배에 해당되는 산성을 나타낸다.

$$HCl \leftrightarrows H^+ + Cl^-$$ 식(8-11)

$$H_2SO_4 \leftrightarrows 2H^+ + SO_4^{-2}$$ 식(8-12)

그러므로 산(acid)이나 염기(base)의 농도를 표현할 때에는 노르말농도가 실질적인 농도 단위로 사용된다. 실제로 진한 농도의 용액을 물로 묽혀 묽은 용액을 제조하는데에는 다음의 관계가 적용된다.

$$N_A \times V_A = N_B \times V_B$$ 식(8-13)

125) 당량농도(equivalence concentration)라고도 한다.

여기서, N_A 와 N_B 는 A라는 노르말농도와 B라는 노르말농도를 의미하며 V_A 와 V_B 는 A농도에서의 부피와 B농도에서의 부피를 각각 가리킨다. 또한 N_A 와 V_A 는 산(acid)의 농도와 부피를, N_B 와 V_B 는 염기(base)의 농도와 부피를 나타낼 때도 있다.

예제 8-1) 500 mL 용량플라스크에 10 g의 수산화소듐(NaOH)을 넣은 후 물로 채웠다. 이 용액의 몰농도는? (단, Na의 몰질량은 23 g)

풀이) 몰농도(molarity, M)는 용액 1 L에 들어있는 용질의 몰(mol) 수이므로 먼저 1 L 용액에 들어있는 용질의 몰 수를 계산해야 한다. 500 mL에 10 g이 들어있으므로 1 L에는 20 g에 해당되는 농도이다. NaOH의 몰질량이 23 + 17 + 1 = 40 (g)이므로 20 g은 0.5몰이다. 그러므로 몰농도(M)는 0.5이다.

정답) 0.5 M

예제 8-2) 49 g의 황산이 포함되어 있는 500 mL 황산수용액을 묽혀서 0.5 N 황산수용액을 제조하고자 한다. 추가해야 할 물의 부피는 몇 L인가? (단, S의 원자량은 32)

풀이) 산성 수용액이므로 먼저 500 mL 황산수용액의 노르말농도를 계산한다. 1 L 용액 속에 98 g의 황산이 들어있고, 이것은 황산(H_2SO_4)의 몰질량이 98 g이므로 1몰이다. 황산 1몰은 2당량이므로 500 mL 황산수용액의 농도는 2 N이다. 따라서 식(8-13)에 대입하면,

$(2N) \times (500\ mL) = (0.5N) \times V_{0.5}$
$\rightarrow V_{0.5} = 2000\ mL = 2\ L$이다.

전체가 2 L이어야 하므로 원래 부피인 500 mL에 1.5 L의 물을 추가해 주면 된다.

정답) 1.5 L

8-3 용액의 총괄성

총괄성(colligative property)은 공통된 성질이라는 의미이다. 즉, 용액의 총괄성은 용액의 종류와 무관하게 모든 용액에 공통적으로 나타나는 특성이다. 용액의 총괄성은 증기압강하(vapour pressure depression), 비점상승(boiling point elevation)[126], 빙점강하(freezing point depression), 삼투압(osmotic pressure)의 네 가지 현상들이다.

증기압강하는 "용액 내 용매 성분의 증기압은 용액만 있을 때의 증기압인 순수증기압보다 낮아진다"라고 표현된다. 즉, 라울의 법칙이 적용되는 것을 의미한다. 용액을 형성하기 전 용매 단일 성분일 때의 증기압이 용매 성분의 증기압으로서는 가장 높고, 용질과 만나서 용액을 형성하면 용액 내 몰분율에 비례하여 용매 증기압도 내려간다는 것이다[식(8-1 참조)].

비점상승은 액체상 용매의 끓는 온도(T_b)가 용액이 되면 더 올라간다는 현상을 가리킨다. 즉, 용매 단일성분으로 있을 때보다 용질의 첨가로 인해 용액을 형성하면 끓는 온도가 더 올라가며, 그 오름폭(ΔT_b)은 용액의 농도에 비례한다는 것이다.

$$\text{비점상승폭}(\Delta T_b) = k_b \times m \ (\text{몰랄농도}) \qquad \text{식(8-14)}$$

여기서, k_b : 비점상승상수[127]로서 용매의 종류에 따라 달라지는 값

빙점강하는 액체상 용매의 얼어붙는 온도(T_f)가 용액이 되면 더 내려가는 현상을 가리킨다. 즉, 용매 단일성분으로 있을 때보다 용질의 첨가로 인해 용액을 형성하면 얼어붙는 온도가 더 내려가며, 그 내림폭(ΔT_f)은 용액의 농도에 비례한다는 것이다.

$$\text{빙점강하폭}(\Delta T_f) = k_f \times m \ (\text{몰랄농도}) \qquad \text{식(8-15)}$$

여기서, k_f : 빙점강하상수[128]로서 용매의 종류에 따라 고유한 값을 가진다.

126) 끓는점오름현상이라고 말하기도 함.
127) 끓는점오름상수라고 말하기도 함.
128) 어는점내림상수라고 말하기도 함.

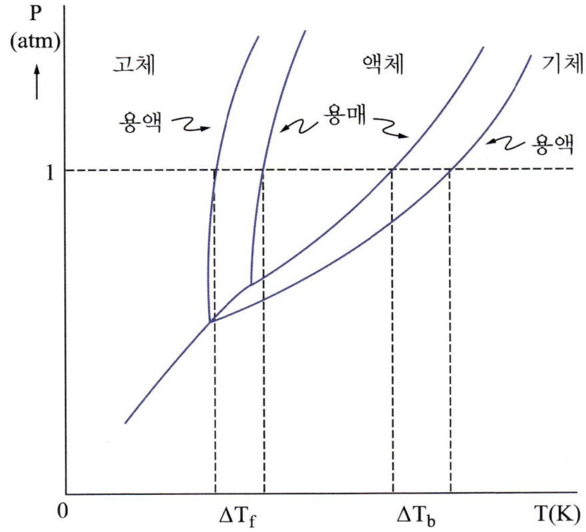

그림 8-2 용매의 상평형도와 용액의 상평형도

표 8-1 상전이온도(T_b, T_f) 및 비점상승상수(K_b)와 빙점강하상수(K_f)

용매(화학식)	T_b (℃)	K_b (℃/m)	T_f (℃)	K_f (℃/m)
클로로포름($CHCl_3$)	61.2	3.63	−63.5	4.68
사염화탄소(CCl_4)	76.8	5.02	−22.3	29.8
에틸알코올(C_2H_5OH)	78.4	1.22	−115	1.99
벤젠(C_6H_6)	80.1	2.536	5.56	5.12
물(H_2O)	100	0.51	0	1.86
아세트산(CH_3COOH)	118	2.93	17	3.90

예제 8-3) 고체상 비전해질이 들어있는 수용액의 농도가 0.5 m이다. 이 수용액의 끓는 온도와 어는 온도는 실제로 몇℃인가? (소수점 아래 두 번째 자리까지만 표기)

풀이) 식(8-14), 식(8-15), 표 8-1을 이용하여 물의 ΔT_b와 ΔT_f를 계산한다.

$$\Delta T_b = k_b \times m = 0.51(℃/m) \times 0.5\,m = 0.255℃$$

$$\Delta T_f = k_f \times m = m1.86(℃/m) \times 0.5\,m = 0.93℃$$

그러므로 끓는 온도는 100.255℃이고, 어는 온도는 −0.93℃

정답) 100.26℃, −0.93℃

동일한 용매이지만 농도가 서로 다른 두 용액을 반투막을 사이에 두고 접촉시키면 묽은 농도의 용액 내 용매 분자들이 진한 농도의 용액 쪽으로 이동하려는 압력이 생긴다. 이 압력이 삼투압이며 용질과 용매 중 용매만 투과할 수 있는 반투막(semi permeable membrane)에서 발생한다. 이 삼투압의 크기는 용액의 농도[129]에 비례한다.

$$삼투압(\pi) = c\ (농도) \times R\ (기체상수) \times T\ (K) \qquad 식(8\text{-}16)$$

삼투현상(osmosis)은 소금물에 절인 배추가 부드러워지거나 물에 오래 담근 과일의 당도가 떨어지는 현상 등 일상생활 속에서 여러 형태의 예들이 있다.

용액의 총괄성은 용액의 농도가 같더라도 용질의 종류에 따라 그 크기가 달라진다. 고체 용질이 전해질(electrolyte)인 경우는 비전해질(nonelectrolyte)의 경우에 비해 더 큰 크기의 비점상승과 빙점강하와 삼투압을 나타낸다. 이것은 겉보기 농도와 실질적 농도 사이의 차이 때문이다. 농도는 일정한 부피 속에 있는 용질의 개수로 결정되는 개념이어서 용액 내 실제로 존재하는 입자의 개수가 중요하다. 비전해질은 용질의 개수가 곧 용액 내 존재하는 실제 입자의 개수이지만 전해질은 용액 내에서 두 개 이상의 입자로 분리된다. 즉, 전해질은 염(salt)이라고 불리는 이온화합물이어서 대부분 물과 같은 용매와 만나 수용액을 형성하면 몇 개의 이온으로 해리된다. 따라서 용액 내 입자의 개수가 용질의 몰(mol) 수보다 더 큰 값을 갖는다. 전해질이 두 개의 입자로 해리되면 총괄성의 크기도 두 배가 되고, 세 개의 입자로 해리되면 세 배가 된다. 이같이 전해질용액에서의 총괄성이 비전해질용액의 경우보다 더 커지는 비율을 나타낸 것이 반트호프인자(Van't Hoff factor, i)이다. 만약 전해질이 용액 내에서 두 개의 이온으로 해리되면 반트호프인자가 거의 2에 가까울 것이고 세 개로 해리된다면 거의 3에 가까운 값이 된다.

$$반트호프인자(i) = \frac{용액\ 내\ 입자의\ 총\ mol\ 수}{용질의\ 초기\ mol\ 수} \qquad 식(8\text{-}17)$$

다만 전해질의 해리도는 용액의 농도에 따라 약간의 차이를 나타내는데 농도가 묽을수록 해리도는 증가한다. 따라서 동일한 전해질이라 하더라도 용액의 농도가 묽을수록 반트호프인자는 더 큰 값을 가진다.

129) 두 용액의 농도 차이를 의미하기도 함.

표 8-2 이온 개수와 농도에 따른 반트호프인자의 크기

전해질	0.1 m	0.01 m	0.001 m
NaCl	1.87	1.94	1.97
$MgSO_4$	1.21	1.53	1.82
K_2SO_4	2.32	2.70	2.84

그러므로 전해질용액이 가지는 총괄성의 크기는 반트호프인자를 곱해준 크기이다.

비점상승폭(ΔT_b) $= i \times k_b \times m$ (몰랄농도) 식(8-18)

빙점강하폭(ΔT_f) $= i \times k_f \times m$ (몰랄농도) 식(8-19)

삼투압(π) $= i \times c$ (농도) $\times R$ (기체상수) $\times T$ (K) 식(8-20)

예제 8-4) 25℃, 0.05 M 농도의 $CaCl_2$수용액의 삼투압이 0.45 atm이다. 반트호프인자는 얼마인가? (소수점 아래 둘째 자리까지만 표기)

풀이) 식(8-20)을 이용하여 삼투압과 농도와 기체상수를 대입하면,

$0.45\ \text{atm} = \text{i} \times 0.05\ \text{mol/L} \times 0.082\ \text{atm} \cdot \text{L/mol} \cdot \text{K} \times 298\ \text{K}$

$\rightarrow i \fallingdotseq 2.7151$

정답) 2.72

8-4 콜로이드

콜로이드(colloid)는 $10^{-6} \sim 10^{-9}$ m 크기의 입자를 가리키는 용어이다. 콜로이드 입자의 크기는 다소 작은 분자의 경우 수십 개~수백 개 모여 있는 정도이다. 콜로이드 크기의 입자들이 균일하게 섞인 혼합물은 용액이라 하지 않고 분산용액(dispersing solution)이라 한다. 그리고 용질과 용매라는 용어보다 분산질(dispersed solute)과 분산매(dispersing medium)라고 한다. 분산매와 분산질은 모든 상이 가능하므로 공기 중 먼지, 연기, 안개, 우유, 흙탕물, 루비 보석류 등과 같이 자연계에서 다양한 상의 예들을 쉽게 볼 수 있다. 콜로이드 용액은 가시광선을 산란시켜 빛의 진행여부와 방향을 볼 수 있게 하는데, 이를 틴달효과(Tyndall effect)라고 한다. 또한 콜로이드 입자는 그 무게가 유체의 자연적인 흐름에 영향을 받는 정도이어서 기체 또는 액체 내에서 입자간 충돌로 인해 불규칙한 움직임을 지속할 수 있고, 이를 브라운 운동(Brownian motion)이라고 한다. 그리고 콜로이드 입자는 자체적으로 전하를 띠고 있어서 용액 내 직류전류를 흘려주면 콜로이드 입자들이 반대편 전극을 향해 이동하는 전기영동(electrophoresis) 현상을 나타낸다.

콜로이드 입자는 물에 잘 분산되는 친수성 콜로이드(hydrophilic colloid)[130]와 물 속에서 서로 엉기거나 물과 분리되는 소수성 콜로이드(hydrophobic colloid)[131]로 나눈다. 물속의 소수성 콜로이드는 약간의 전해질에 의해서도 서로 간 쉽게 엉겨 응집되는 현상을 나타낸다. 이를 방지하고 소수성 콜로이드를 안정시키기 위한 방법으로서 친수성 콜로이드를 첨가하여 소수성 콜로이드 표면을 둘러싸게 할 수 있다. 이때 투입되는 친수성 콜로이드를 보호콜로이드(protective colloid)라고 한다. 물속에 있는 소수성 콜로이드를 안정시키기 위한 다른 방법은 계면활성제(surfactant)를 안정제(stabilizer)로 넣어주는 것이다. 계면활성제는 한 분자 내 친수성기(hydrophilic group)와 소수성기(hydrophobic group)를 모두 가지고 있는 물질이다. 계면활성제 분자들이 물속에서 소수성 콜로이드와 만나면 분자 내 친수성기는 물 분자를 향하고 소수성기는 소수성 콜로이드를 향하여 소수성 콜로이드의 표면을 둘러싸는 역할을 한다. 이때 계면활성제가 둘러싼 공 모양의 집합체가 미셀(micelle)이며, 미셀을 형성하는데 필요한 최소한의 계면활성제 농도를 한

130) 물을 좋아하는 콜로이드, 수산기(OH) 등이 말단에 있다.
131) 물을 싫어하는 콜로이드, 주로 탄화수소의 분자 구조이다.

계미셀농도(critical micelle concentration, cmc)라고 한다. 이에 관한 대표적 예는 비누의 세정작용을 들 수 있으며 고분자 중합에서도 미셀을 이용하는 방법도 있다.

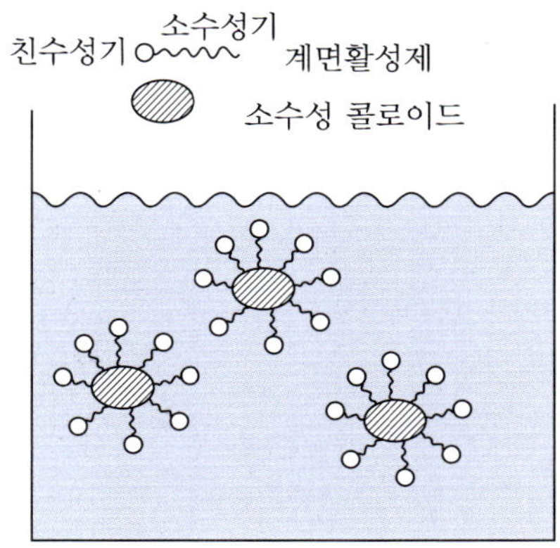

그림 8-3 계면활성제와 미셀 형성

8-5 난용성 염의 용해도

난용성 염은 '용해되기 매우 어려운 이온화합물' 또는 '녹는 양이 매우 작은(very slightly soluble) 이온화합물'을 의미한다. 전혀 용해되지 않는 것은 아니지만 녹는 양이 매우 작고 시간도 많이 필요하므로 용해 현상을 확인하기 어려운 정도이다. 염(salt)이 이온화합물이므로 이온화합물을 형성하는 이온들 중 특정 종류의 음이온들은 난용성염을 형성하는 경향이 크다. 대표적인 난용성 이온화합물은 수산화물(hydroxides)이며 예로서 $Ca(OH)_2$, $Cu(OH)_2$, $Al(OH)_3$, $Fe(OH)_2$, $Fe(OH)_3$ 등이 있으나 NaOH는 예외이다. 이외도 HgS와 Ag_2S 등의 황화물(sulfides), $BaSO_4$와 같은 황산염(sulfates), $CaCO_3$와 같은 탄산염(carbonates) 등도 종류에 따라 난용성 염들이 많다. 그러나 물에 대한 용해도가 가장 큰 종류로 알려진 염화물(chlorides) 중에도 염화은(AgCl), 염화납(II)($PbCl_2$), 염화수은(I)(Hg_2Cl_2)은 예외적으로 난용성 염이다.

표 8-3 25℃에서 난용성 염들의 용해도곱상수(K_{sp})

화학식	K_{sp}	화학식	K_{sp}
$CaSO_4$	2.0×10^{-4}	$Zn(OH)_2$	1.8×10^{-14}
$PbCl_2$	2.4×10^{-4}	AgI	8.3×10^{-17}
$Ca(OH)_2$	8.0×10^{-6}	Hg_2Cl_2	3.5×10^{-18}
PbF_2	3.2×10^{-8}	$Cu(OH)_2$	2.2×10^{-20}
$CaCO_3$	8.7×10^{-9}	$Al(OH)_3$	1.8×10^{-33}
AgCl	1.6×10^{-10}	$Fe(OH)_3$	1.1×10^{-36}
$Mg(OH)_2$	1.2×10^{-12}	HgS	4.0×10^{-54}
$Fe(OH)_2$	1.6×10^{-14}	Ag_2S	6.0×10^{-56}

난용성 염의 용해도는 크기가 매우 작아서 일반적인 농도 표시법으로는 표현하기 어렵다. 따라서 난용성 염의 용해도는 용해도곱상수(solubility product constant, K_{sp})로 나타낸다. 용해도곱상수는 포화용액에서 양이온 농도와 음이온 농도를 곱한 이온농도(ionic concentration)곱이다. 불포화용액에서의 이온농도곱은 용해도곱상수보다 항상 작다. 난용성 염들 중 용해도곱상수가 크면 상대적으로 잘 녹는 편이며 상수가 작으면 용해도가 상대적으로 낮은 경우이다.

난용성 염들의 용해도곱상수는 다음과 같이 구성하며 대괄호는 농도를 의미한다.

$$AgCl(s) \leftrightarrows Ag^{+}(aq.) + Cl^{-}(aq.) \qquad K_{sp} = [Ag^{+}] \cdot [Cl^{-}] \qquad 식(8\text{-}21)$$

$$BaSO_4(s) \leftrightarrows Ba^{2+}(aq.) + SO_4^{2-}(aq.) \qquad K_{sp} = [Ba^{2+}] \cdot [SO_4^{2-}] \qquad 식(8\text{-}22)$$

$$Ca(OH)_2(s) \leftrightarrows Ca^{2+}(aq.) + 2OH^{-}(aq.) \qquad K_{sp} = [Ca^{2+}] \cdot [OH^{-}]^2 \qquad 식(8\text{-}23)$$

용해도곱상수는 포화용액일 때의 이온농도곱(ion product, i.p)[132]이므로 일반적인 조건인 불포화용액일 때의 이온농도곱보다 더 크다. 포화용액은 이온들의 농도가 최고인 상태이며 시간의 지속에 따른 이온 농도의 변화가 없으므로 평형인 상태이다. 따라서 이온농도의 곱이 용해도곱상수보다 더 크다면 과포화용액이므로 침전현상이 발생한다.

132) 양이온 농도와 음이온 농도를 곱한 값

$K_{sp} >$ 이온농도곱 → 불포화용액 식(8-24)

$K_{sp} =$ 이온농도곱 → 포화용액(평형상태) 식(8-25)

$K_{sp} <$ 이온농도곱 → 과포화용액(침전 발생) 식(8-26)

예제 8-5) 25℃, AgI 포화수용액 내 I^- 이온의 농도가 0.01 M이다. 은이온(Ag^+)의 농도는 얼마인가?

풀이) 표 8-3에서 25℃, AgI 포화수용액 내 용해도곱상수(K_{sp})는 8.3×10^{-17}이고 $[I^-]$는 0.01 M이므로 이를 대입하면,

$K_{sp} = [Ag^+] \cdot [I^-]$
$\rightarrow 8.3 \times 10^{-17} = [Ag^+] \cdot (0.01\ M)$
$\rightarrow [Ag^+] = 8.3 \times 10^{-15}\ M$

정답) 8.3×10^{-15} M

Chapter 8 연습문제

1. 100 g의 설탕물 속에 20 g의 설탕이 녹아 있다면 용해도는 얼마인가?

2. 200 mL 황산수용액 속에는 4.9 g의 황산이 녹아 있다. 이 황산수용액의 노르말 농도는?

3. 용존산소량이 5 ppm인 물 100 L 속에는 몇 mL의 산소 기체가 녹아있는가?

4. 어떤 비전해질이 들어있는 에틸알코올용액의 비점이 80℃이다. 이 용액의 몰랄농도는 얼마인가? (표 8-1 참조, 소수점 아래 첫째 자리까지만 표기)

5. 농도가 0.1 m인 황산포타슘(K_2SO_4) 수용액의 어는점은 몇℃인가? (표 8-1 및 표 8-2 참조, 소수점 아래 두 번째 자리까지만 표기)

6. 강전해질 $MgCl_2$가 녹아 있는 염화마그네슘수용액의 농도가 0.0001 m이다. 이 용액의 반트호프인자는 어떤 자연수에 가장 가까운가?

7. 양의 편차를 가지는 실제용액은 분자간 인력들 중 어느 것이 더 강한가?

8. 탄산음료를 제조하는 작업장은 온도가 높을수록 유리한가? 낮을수록 유리한가?

9. 수산화마그네슘 포화수용액에서 마그네슘이온의 농도가 0.1 M이다. 수산이온(OH^-)의 농도는 몇 M인가? (표 8-3 참조, 유효숫자 세 자리로 표기)

10. 은이온(Ag^+)과 염소이온(Cl^-)의 농도가 각각 3×10^{-5} M과 1×10^{-6} M이다. 이 염화은(AgCl) 수용액은 불포화용액인가? 과포화용액인가? (표 8-3 참조)

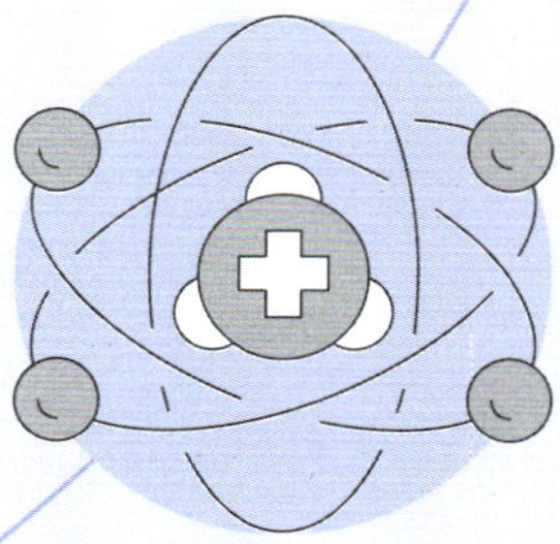

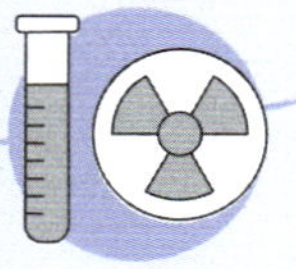

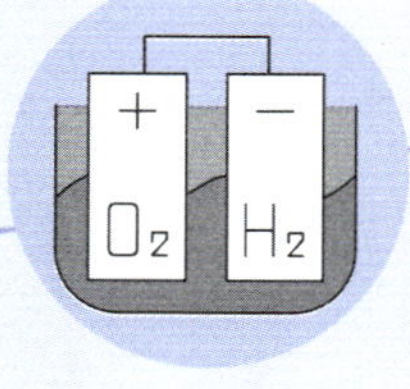
+
−
O2
H2

Chapter 9

화학평형

화학평형(chemical equilibrium)은 화학반응에서 반응에 참여한 물질들의 농도 변화가 없는 상태를 의미한다. 반응이 시작될 때 존재하는 반응물(reactant)은 일반적으로 반응의 진행에 따라 점점 농도가 감소한다. 또한 반응의 진행에 따라 새롭게 생겨나는 생성물(product)은 반응시간의 경과에 따라 그 농도가 증가한다. 그러나 화학적 평형상태는 시간의 경과와 무관하게 반응물과 생성물 양쪽에서 모두 겉보기 농도의 변화가 없는 상태이다.

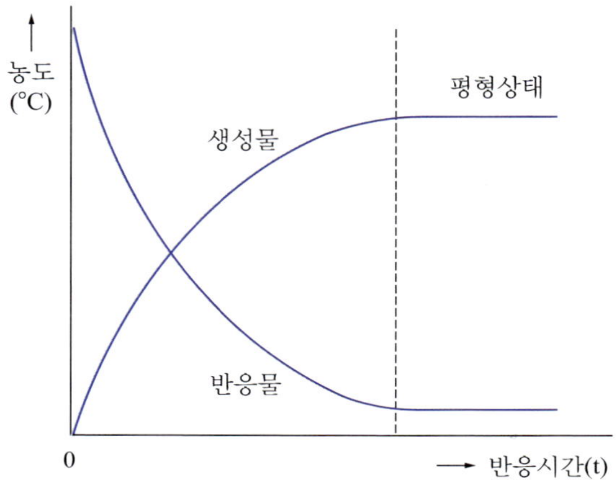

그림 9-1 화학반응의 진행과 평형상태

화학평형에는 균일평형(homogeneous equilibrium)과 불균일평형(heterogeneous equilibrium)이 있다. 균일평형은 화학평형에 도달된 상태에서 반응물과 생성물의 상(phase)이 모두 동일한 경우이다. 반면에 불균일평형은 평형상태에 있는 물질들의 상이 2개 이상인 경우이다.

균일평형 : $2C_2H_5OH\ (g) + O_2\ (g) \leftrightarrows 2CH_3CHO\ (g) + 2H_2O\ (g)$ 식(9-1)

불균일평형 : $CaCO_3\ (s) \leftrightarrows CaO\ (s) + CO_2\ (g)$ 식(9-2)

9-1 화학적 평형상태

화학적 평형상태는 크게 세 가지 개념으로 정의된다.

(1) 시간의 경과(dt)에 대한 생성물 농도의 증가($dC_{생}$)[133]와 반응물 농도의 감소($-dC_{반}$)[134]가 없는 상태

$$\frac{dC_{생}}{dt} = \frac{-dC_{반}}{dt} = 0 \qquad \text{식(9-3)}$$

(2) 정반응의 속도[135]와 역반응의 속도[136]가 같은 상태

$$\text{반응물} \underset{k_r}{\overset{k_f}{\rightleftarrows}} \text{생성물} \qquad \text{식(9-4)}$$

$$\text{정반응 속도상수}(k_f) = \text{역반응 속도상수}(k_r) \qquad \text{식(9-5)}$$

(3) 동적인 평형(dynamic equilibrium)

화학평형은 그림 9-1에서와 같이 시간의 경과에 대해 생성물 농도도 증가하지 않고 반응물 농도도 감소하지 않는 상태이다. 또한 반응물에서 생성물로 바뀌는(정반응) 경향과 생성물이 다시 반응물로 돌아오는(역반응) 경향이 같은 상태이고, 겉으로는 농도 변화가 없으나 정반응과 역반응은 지속적으로 진행되고 있는 상태이다.[137]

이밖에도 화학평형을 나타내는 적절한 방법으로서 열역학적 표현[138]이 있으나 이는 제13장의 열역학 제3법칙에서 다루고자 한다.

133) 생성물 농도의 변화량, d[생성물]로 표기할 수 있음.
134) 반응물 농도의 감소량, $-d$[반응물]로 표기할 수 있음.
135) 반응물에서 생성물로 바뀌는 속도, 정반응 속도상수(k_f)로 표현.
136) 생성물에서 반응물로 바뀌는 속도, 역반응 속도상수(k_r)로 표현.
137) 추가적으로 화학반응의 용이성을 나타내는 자유에너지 변화량이 0인 상태($\Delta G=0$)
138) $\Delta G=0$이라는 표현. 자유에너지의 변화량이 0인 상태가 평형상태이다.

9-2 평형상수

평형상수(equilibrium constant, K)는 화학반응이 평형상태일 때의 반응물들의 농도에 대한 생성물들의 농도 비율을 의미한다. 평형상수가 큰 경우는 작은 경우에 비해 화학반응의 속도가 상대적으로 빠르다. 평형상수를 나타내는 형태는 물질의 상에 따라 달리 구분한다. 화학반응의 종류가 액체상 반응일 때는 평형상수를 용액의 농도로 표현하고(K_c) 기체상 반응의 경우에는 성분 기체들의 분압으로 나타낸다(K_p).

만약 평형상태에서 반응물 A와 B의 농도가 각각 a몰과 b몰이고, 생성물 C와 D의 농도가 각각 c몰과 d몰이라면 평형상수 K_c와 K_p는 다음과 같이 정의한다.

$$aA + bB \leftrightarrows cC + dD \qquad \text{식(9-6)}$$

$$K_C = \frac{[C]^c \cdot [D]^d}{[A]^a \cdot [B]^b} \qquad \text{식(9-7)}$$

$$K_P = \frac{P_C^c \cdot P_D^d}{P_A^a \cdot P_B^b} \qquad \text{식(9-8)}$$

또한 평형상수는 정반응의 속도상수(k_f)를 역반응의 속도상수(k_r)로 나눈 값이다.

$$K\,(\text{평형상수}) = \frac{k_f}{k_r} \qquad \text{식(9-9)}$$

예제 9-1) 평형상태에 있는 밀폐 용기 내 2.8 g의 질소 기체, 3 g의 수소 기체, 17 g의 암모니아 기체가 있고, 전체 압력은 1.5기압(atm)이다. 평형상수는?

풀이) 2.8 g의 질소 기체(N_2), 2.4 g의 수소 기체(H_2), 17 g의 암모니아 기체(NH_2)는 각각 0.1 mol, 0.4 mol, 1 mol 이다. 달톤의 분압법칙식(식 6-8, 식 6-9)에 의한 각 기체들의 분압은 수소, 질소 암모니아가 각각 0.1기압, 0.4기압, 1기압이다. 또한 화학반응의 평형식은 다음과 같다.

$N_2\,(g) + 3H_2\,(g) \leftrightarrows 2NH_3\,(g)$

따라서 평형상수(K) $= \dfrac{P_{NH_3}^2}{P_{N_2} \cdot P_{H_2}^3} = \dfrac{(1)^2}{(0.1)(0.4)^3} = 156.25$

정답) 156.25

9-3 르샤틀리에 원리

르샤틀리에 원리(Le Chatelier's principle)는 평형상태에 있는 반응계에 외부로부터 자극(stimulus)이 주어지면 평형상태는 깨어지고 그 자극을 감소시키는 방향으로 화학반응이 다시 진행된다는 것이다. 외부로부터의 주어지는 자극의 종류는 농도의 변화, 온도의 변화, 압력 또는 부피의 변화가 있다.

먼저 농도의 변화에 대한 르샤틀리에 원리를 적용해보자.

평형상태에 도달된 반응계에 반응물의 추가적인 첨가는 농도의 변화라는 외부로부터의 자극이다. 이 경우 평형상태는 깨어지고 반응물 농도의 증가라는 자극을 감소시키는 방향으로 화학반응이 다시 진행되게 된다. 즉, 반응물의 농도가 감소되는 방향은 정반응

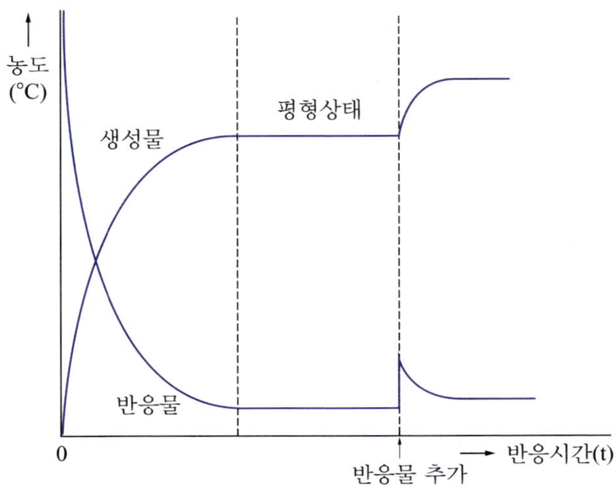

그림 9-2 농도 자극에 의한 평형상태의 변화

이므로 정반응이 다시 진행된다는 것이 르샤틀리에 원리이다.

만약 발열반응(exothermic reaction)을 나타내는 화학반응이 평형상태에 도달했을 때 가열을 하게 되면 평형상태는 깨어지고 역반응의 속도가 정반응의 속도에 비해 더 빨라지게 된다. 다른 예로서 반응의 진행에 따라 반응물로 있는 경우에 비해 생성물로 바뀌면 전체적인 부피가 줄어드는 반응이 화학평형에 있는 경우에 대해 르샤틀리에 원리를 적용해보자. 이 반응의 평형상태에서 반응 용기의 부피를 감소시키면 정반응의 속도가 역반응의 속도보다 빨라지고 평형상태는 깨어진다.

르샤틀리에 원리를 이용하면 난용성 염의 용해도를 증가시킬 수 있다. 예로서 수산화물 난용성 염이 물속에서 평형상태에 도달했을 때 약간의 산(acid)을 첨가하면 용해도의 현저한 증가를 볼 수 있다. 이는 추가된 산의 수소이온(H^+)이 용액 내 수산이온(OH^-)과 반응하여 물분자로 바뀜에 따라 평형상태 내 생성물 농도(OH^-)의 감소라는 외부로부터의 자극을 제공하기 때문이다. 이 경우 생성물 농도 감소를 회복하기 위해 정반응이 다시 진행되게 되어 용해도가 증가하게 된다.

$$Ca(OH)_2\ (s) \leftrightarrows Ca^{2+}\ (aq.) + 2OH^-\ (aq.) \quad 식(9\text{-}10)$$

$$H^+(산) + OH^-\ (aq.) \rightarrow H_2O\ (l) \quad 식(9\text{-}11)$$

$$Ca(OH)_2\ (s) \rightleftarrows Ca^{2+}\ (aq.) + 2OH^-\ (aq.) \downarrow \quad 식(9\text{-}12)$$

이런 과정은 자연계에서 빗물의 산성화에 따른 산성비(acid rain) 피해의 원인이 된다. 인류가 석탄과 석유 등의 화석연료(fossile fuel)를 주된 에너지원으로 사용함에 따라 연소반응을 통해 배출된 아황산가스(SO_2)[139] 등이 황산 성분으로 바뀌어 산성비 발생의 가장 큰 원인이 되었다. 빗물이 정상적인 산성도의 범위를 넘어서 산성이 강해지면 대리석 석재와 시멘트 등 현대 건축물의 대부분을 차지하는 다양한 칼슘화합물들[140]의 용해도를 증가시켜 건축물 피해를 나타내게 된다.

또한 착이온(complex ion) 생성을 통한 난용성염의 용해도를 증가시키는 방법도 르샤틀리에 원리에 해당된다. 난용성 염인 염화은(AgCl)이 평형상태에 도달한 후 여기에 리간드로서 암민(NH_3)을 추가해 주면 암민은이온[$Ag(NH_3)_2^+$]이라는 착이온을 형성하게 되어 용액 내 은이온(Ag^+) 농도가 감소하게 되고 이를 회복하기 위한 정반응이 다시

139) 학술명은 이산화황

140) 대표적인 난용성 염

진행되게 된다.

$$AgCl\,(s) \leftrightarrows Ag^{+}\,(aq.) + Cl^{-}\,(aq.)$$ 식(9-13)

$$2NH_3\,(\text{암민 리간드}) + Ag^{+}\,(aq.) \rightarrow Ag(NH_3)^{+}$$ 식(9-14)

$$AgCl\,(s) \rightleftarrows Ag^{+}\,(aq.)\downarrow + Cl^{-}\,(aq.)$$ 식(9-15)

9-4 공통이온효과

공통이온효과(common ion effect)는 약한 전해질 용액에 강전해질을 첨가하면 약전해질의 용해도가 감소하는 효과를 가리키며 르샤틀리에 원리로 설명할 수 있다. 강전해질(strong electrolyte)은 용액 내에서 100% 이온으로 해리되는 용질이고, 그렇지 않는 전해질을 약전해질(weak electrolyte)라고 한다. 아세트산(CH_3COOH)은 약전해질이며 아세트산소듐(CH_3COONa)은 강전해질이다. 아세트산이 최대 농도로 녹아 있는 평형상태의 용액에 강전해질인 아세트산소듐을 첨가하면 생성물 내 아세트산이온(CH_3COO^{-})의 농도가 급격히 증가하므로 르샤틀리에 원리에 의해 이를 제거하는 반응으로서 역반응이 다시 진행되고 아세트산의 용해도는 감소하게 된다.

$$CH_3COOH\,(s) \leftrightarrows CH_3COO^{-}\,(aq.) + H^{+}\,(aq.)$$ 식(9-16)

$$CH_3COONa\,(s) \rightarrow CH_3COO^{-}\,(aq.) + Na^{+}\,(aq.)$$ 식(9-17)

$$CH_3COOH\,(s) \leftrightarrows CH_3COO^{-}\,(aq.)\uparrow + H^{+}\,(aq.)$$ 식(9-18)

Chapter 9 연습문제

1. 예제 9-1의 화학반응은 균일평형인가 불균일평형인가?

2. 단위 시간당 생성물 농도 증가가 큰 경우는 반응 초기인가? 반응 말기인가?

3. 역반응의 속도가 상대적으로 큰 경우는 반응 초기인가? 평형상태인가?

4. 어떤 물질의 분해반응에서 정반응의 속도상수는 $1.24 \times 10^{-3}\ sec^{-1}$이고, 역반응의 속도상수는 $2.48 \times 10^{-4}\ sec^{-1}$이다. 평형상수는 얼마인가?

5. 다음의 화학반응이 평형상태에 있다. 밀폐된 반응 용기의 압력을 낮추면 정반응과 역반응 중 어느 쪽 반응이 더 빨라지는가?
   $N_2 (g) + 3H_2 (g) \rightleftarrows 2NH_3 (g)$

6. 르샤틀리에 원리에서 외부로부터의 자극에 해당되지 않는 것은?
   ① 반응시간의 변화 ② 온도의 변화
   ③ 농도의 변화 ④ 부피의 변화

7. 수산화칼슘[$Ca(OH)_2$] 포화수용액에 수산화소듐(NaOH)을 첨가하면 수산화칼슘의 용해도는 어떻게 되는가?
   ① 증가한다. ② 변화가 없다.
   ③ 감소한다. ④ 증가 후 감소한다.

8. 다음 평형상태 화학반응에서 나머지 셋과는 반응의 진행방향이 다른 것은?
   ① 생성물 농도 증가
   ② 반응물 농도 감소
   ③ 발열반응의 냉각
   ④ 생성물 몰수가 반응물 몰수보다 큰 반응의 압축

9. 다음 중 르샤틀리에 원리와 무관한 것은?

① 공통이온효과
② 산첨가에 따른 난용성염의 용해도 증가
③ 착이온생성에 따른 난용성 염의 용해도 증가
④ 평형상수의 증가

10. 공통이온효과는 강전해질의 첨가로 인해 (반응물, 생성물)의 농도가 증가함에 따라 (정반응, 역반응)이 다시 진행되는 현상이다.

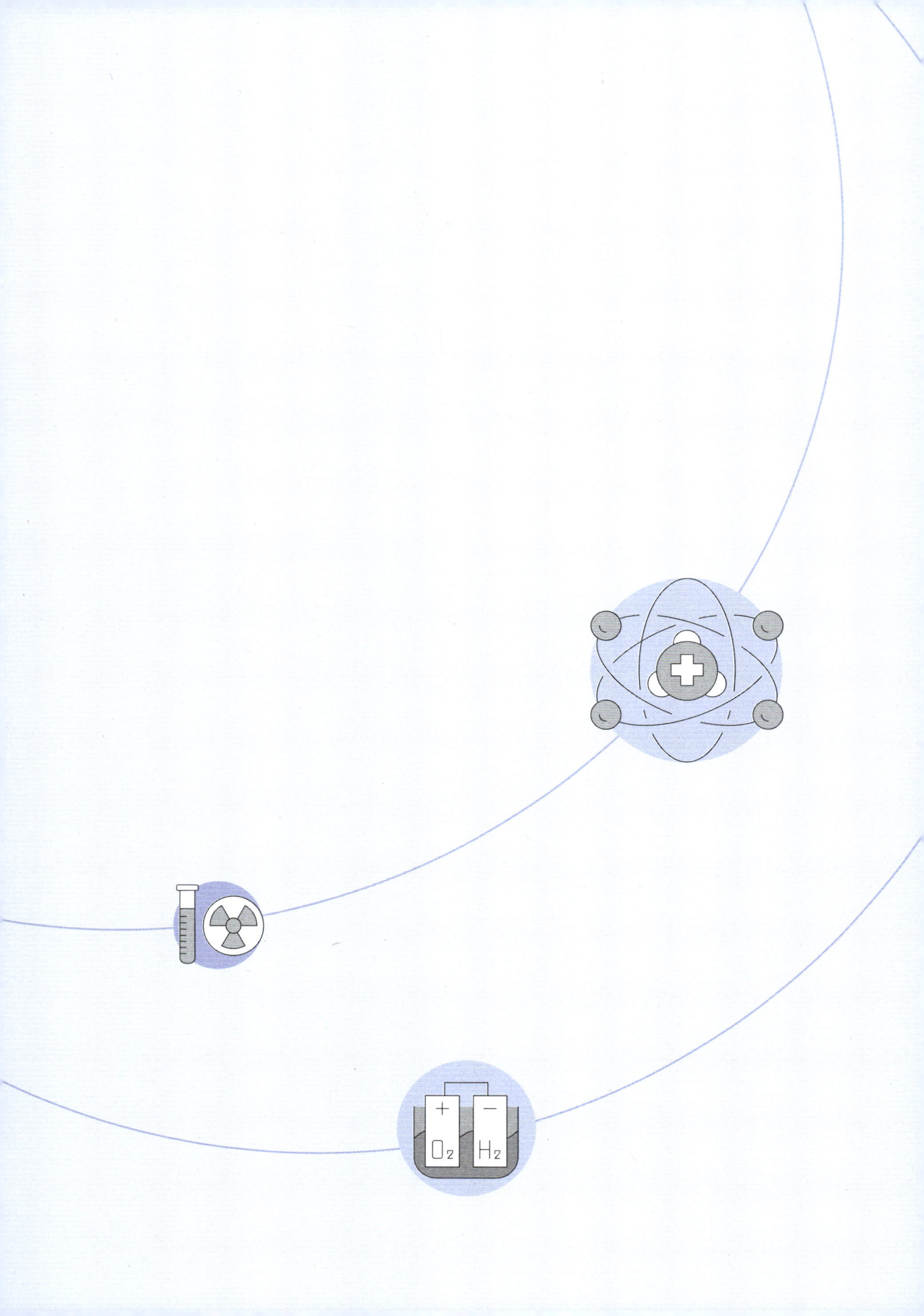

+
−
O2
H2

Chapter 10

산과 염기

산(acid)은 신맛이 나고 리트머스 시험지를 붉게 변색시키며, 염기(base)는 미끄럽고 피부를 부식시킨다고 표현하는 것은 산과 염기의 정의가 아니다. 또한 고체산(solid acid)과 고체염기(solid base)의 경우와 같이 산과 염기는 액체뿐만 아니라 다른 상으로도 존재한다. 산의 세기는 일반적으로 수소이온을 해리하는 능력으로 나타내지만 수소이온이 없는 산의 경우에는 적용하기 어렵다. 그리고 황산을 강산(strong acid)의 기준물질로 하여 그보다 센 산을 초강산(super acid)이라고 분류한다. 초강산은 플루오린화수소(HF) 이외도 다양한 물질이 있으며 플루오린화수소－플루오린화안티몬(HF-SbF_5) 등 이성분계 산성물질도 여러 종류가 있다.

10-1 산－염기 개념

산과 염기의 정의는 아레니우스(Arrhenius), 브뢴스테드와 로우리(Brönsted & Lowry), 루이스(Lewis)의 세 가지 개념으로 표현한다. 아레니우스 개념은 산과 염기를 각각 수소이온(H^+)[141]을 제공하는 물질과 수산이온(OH^-)을 제공하는 물질로 규정한다. 브뢴스테드와 로우리 개념은 산과 염기를 각각 화학반응에서 수소이온을 제공하는 물질과 수소이온을 받아들이는 물질로 정의한다. 루이스 개념은 산과 염기를 각각 화학반응에서 전자쌍(electron pair)을 받아들이는 물질과 전자쌍을 제공하는 물질로 규정한다.

표 10-1 산과 염기의 개념

	산	염기
아레니우스	H^+ 제공자(donor)	OH^- 제공자(donor)
브뢴스테드 & 로우리	H^+ 제공자(donor)	H^+ 수용자(acceptor)
루이스	전자쌍 수용자	전자쌍 제공자

141) 수소 원자에서 전자 한 개를 떼어낸 상태이므로 양성자(proton)와 같다.

브뢴스테드와 로우리 개념에서는 수소이온을 사이에 두고 서로 주거나 받는 관계인 분자들이 있으므로 이를 짝산(conjugated acid)과 짝염기(conjugated base)라고 부른다. 브뢴스테드와 로우리 개념의 산과 염기를 간단하게 B산과 B염기라고 한다.

$$HCl + H_2O \leftrightarrows Cl^- + H_3O^+ \qquad 식(10\text{-}1)$$

짝산　짝염기　　짝염기　짝산

특히 루이스 개념의 산과 염기를 배위화합물에 적용하면 리간드는 전자쌍을 제공하는 화학종(chemical species)이므로 루이스 염기(Lewis base)이며, 전자쌍을 받아들이는 금속은 루이스 산(Lewis acid)이 된다. 흔히 루이스 산과 염기를 간단히 L산 및 L염기라고 부른다.

10-2 물의 자동이온화

물의 자동이온화(autoionization)는 물속 극히 일부분의 물 분자가 스스로 수소이온(H^+)과 수산이온(OH^-)으로 이온화되는 반응이다.

$$H_2O\,(l) \leftrightarrows H^+\,(aq.)^{142)} + OH^-\,(aq.) \qquad 식(10\text{-}2)$$

이 반응은 순수한 물에서 아주 희박한 농도로 진행되며, K · [H_2O]를 물해리상수(water dissociation constant, K_w)라고 하는데 25℃에서는 1×10^{-14}이다. 물의 자동이온화반응은 불순물이 없는 순수한 물이라도 그 속에는 미량의 수소이온과 수산이온이 있다는 것이다. 다만 두 이온의 개수가 동일하면 물이 중성을 나타내고, 수소이온의 농도가 수산이온의 농도보다 크면 산성을, 수산이온의 농도가 수소이온의 농도보다 크면 물이 염기성을 띤다. 두 이온의 농도가 동일하지 않는 경우는 순수한 물이 아니며 물속에 특정 이온이 추가적으로 첨가되었기 때문이다.

142) 물속에서는 주위의 물 분자와 결합하여 H_3O^+ (히드로늄, hydronium ion)으로 존재한다.

$$\text{평형상수}(K) = \frac{[H^+] \cdot [OH^-]}{[H_2O]} \quad \text{식(10-3)}$$

$$\rightarrow K \cdot [H_2O] = K_w = [H^+] \cdot [OH^-] = 1 \times 10^{-14} \,(25℃) \quad \text{식(10-4)}$$

10-3 산성도

수용액의 산성도(acidity)는 수용액 속의 수소이온 또는 수산이온의 농도에 의해 결정된다. 이 두 이온 농도의 대수치를 pH 및 pOH라고 하며 다음과 같이 정의한다.

$$pH = -\log[H^+] \quad \text{식(10-5)}$$

$$pOH = -\log[OH^-] \quad \text{식(10-6)}$$

만약 pH와 pOH가 같다면 그 수용액은 중성이다. 그러나 수용액이 산성 또는 염기성인 경우에는 pH와 pOH는 서로 다른 값을 갖는다.

(25℃) 중성 : $[H^+] = [OH^-] = 1 \times 10^{-7}$ M 식(10-7)

$pH = pOH = 7$ 식(10-8)

산성 : $[H^+] > 1 \times 10^{-7}$ M, $[OH^-] < 1 \times 10^{-7}$ M 식(10-9)

$pH < 7$, $pOH > 7$ 식(10-10)

염기성 : $[H^+] < 1 \times 10^{-7}$ M, $[OH^-] > 1 \times 10^{-7}$ M 식(10-11)

$pH > 7$, $pOH < 7$ 식(10-12)

(25℃) $pH + pOH = 14$ 식(10-13)

예제 10-1) 25℃, 0.01 M NaOH 수용액의 pH는 얼마인가?

풀이) NaOH는 강전해질이므로 $[OH^-] = 0.01$ M이다.

$NaOH\,(s) \leftrightarrows Na^+\,(aq.) + OH^-\,(aq.)$
0.01 M　　0.01 M　　0.01 M

따라서, $pOH = -\log[OH^-] = -\log(0.01) = 2$
25℃이므로, $pH = 14 - pOH = 12$

정답) 12

수용액의 산성도를 실험적으로 측정하는 방법은 여러 가지이며 가장 대표적인 것은 pH미터(pH meter)를 이용하는 것이다. pH미터는 소수점 아래까지 pH를 정확히 측정할 수 있으나 유리전극의 보관과 관리 등의 어려움으로 인해 휴대용으로는 그 용도가 제한적이다. 대략적인 산성도의 판단이나 반응 중 pH의 변화를 알아보는 데에는 리트머스 시험지(litmus test paper) 또는 pH페이퍼(pH paper) 등이 이용될 수 있다. 그러나 넓은 pH영역에서 간편하게 이용할 수 있는 것은 지시약(indicator)이다. 지시약은 다양한 pH 영역에서 변색을 통해 대략적인 pH수치를 나타낸다. 예로서 티몰블루(thymol blue)와 메틸오렌지(methyl orange) 등은 강한 산성 영역에서, 브로모티몰블루(bromo thylmol blue)는 중성 영역에서, 크레졸레드(cresol red)와 페놀프탈레인(phenolphthalein)은 염기성 영역에서 색깔의 변화를 나타낸다. 특히 페놀프탈레인은 중화반응에서 중화점을 찾는데 이용하며 적정실험[143]에서 대표적으로 사용하는 지시약이다.

표 10-2 지시약의 변색과 pH범위

지시약	산성쪽	염기성쪽	pH 범위
티몰블루	red	yellow	1.2～2.8
메틸오렌지	yellow red	yellow	3.1～4.4
메틸레드	red	yellow	4.2～6.3
브로모티몰블루	yellow	blue	6.0～7.6
크레졸레드	yellow	red	7.2～8.8
페놀프탈레인	colorless	violet red	8.3～10.0

143) 앞으로 10-6절에서 소개될 산－염기 중화반응 실험

10-4 산 - 염기 반응

산과 염기의 화학반응은 물질의 종류와 농도에 따라 약간의 차이는 있으나 공통적인 반응은 중화반응이다. 동일한 양의 산과 염기가 만나면 대부분 물과 염(salt)을 형성하면서 중성을 띠게 된다.

$$\underset{\text{산}}{HCl} + \underset{\text{염기}}{NaOH} \rightarrow \underset{\text{물}}{H_2O} + \underset{\text{염}}{NaCl} \qquad \text{식(10-14)}$$

또한 산의 대표적인 반응은 금속과 반응하여 수소 기체를 발생하는 것이다. 이는 산의 종류 또는 금속의 종류와 무관하게 대부분의 산과 금속은 용액 내 화학반응을 통해 수소 기체를 발생시킨다. 이것은 금속이 가진 강한 환원성에 의한 결과이며 금속은 산화되고 수소이온은 환원되어 수소 기체를 발생한다.

$$\underset{\text{산}}{2H^+ (aq.)} + \underset{\text{금속}}{Zn (s)} \rightarrow \underset{\text{수소 기체}}{H_2 (g)\uparrow} + \underset{\text{금속 이온}}{Zn^{2+} (aq.)} \qquad \text{식(10-15)}$$

10-5 강산과 약산

분자 내 수소이온을 가진 산(acid)이 분자 내 수소이온을 100% 수용액 내부로 방출하면 강산(strong acid)이다. 그러나 분자 내 수소이온을 전부 해리하지 않는 산은 약산(weak acid)으로 분류한다. 약산은 그 종류에 따라 산성의 세기가 매우 다양하므로 산해리상수(acid dissociation constant, K_a)의 크기로 산성도를 표현한다. 만약 산해리상수가 큰 약산이 있다면 그것은 약산 중에서 상대적으로 산성이 강한 산이다. 식(10-16)에서 A는 특정 원소가 아니고 수소이온과 결합되어 있는 모체(matrix)를 상징한다.

$$HA + H_2O \leftrightarrows H_3O^+ (aq.) + A^- (aq.)$$ 식(10-16)

$$K_a = \frac{[H_3O^+] \cdot [A^-]}{[HA]}$$ 식(10-17)

약염기가 가진 염기성의 세기는 염기해리상수(base dissociation constant, K_b)로 나타낸다. 염기해리상수는 아래와 같이 정의되며, 그 값이 클수록 염기성도 강하다. 식(10-18)에서 B도 특정 원소가 아니며 염기(base)의 모체를 상징하는 기호이다.

$$B + H_2O \leftrightarrows BH^+ (aq.) + OH^- (aq.)$$ 식(10-18)

$$K_b = \frac{[BH^+] \cdot [OH^-]}{[B]}$$ 식(10-19)

수용액에서는 산해리상수와 염기해리상수의 곱은 물해리상수(K_w)와 같다.

$$K_a \times K_b = K_w$$ 식(10-20)

표 10-3 수용액 중 산해리상수(K_a)와 염기해리상수(K_b)

산	K_a	염기	K_b
아질산(HNO_2)	4.5×10^{-4}	메틸아민(CH_3NH_2)	5.0×10^{-4}
페놀(C_6H_6O)	1.3×10^{-5}	암모니아(NH_3)	1.8×10^{-5}
아세트산(CH_3COOH)	1.7×10^{-5}	피리딘(C_5H_5N)	1.5×10^{-9}
시안화수소(HCN)	4.0×10^{-10}	아닐린(C_6H_7N)	4.8×10^{-10}

10-6 적정

적정(titration)은 산과 염기의 농도를 중화반응을 통해 실험적으로 결정하는 방법이다. 먼저 미지농도의 시료를 부피 측정 후 삼각플라스크에 지시약과 함께 넣고 중화가 될 때까지 위쪽 뷰렛 속 표준 용액을 떨어뜨린다. 이때 중성의 여부는 지시약의 변색을 통해 확인하고, 과정에서 소비된 표준 용액의 양으로 시료의 농도를 측정한다. 적정과정에서 산과 염기의 노르말농도를 각각 N_A와 N_B로, 산과 염기 용액의 부피는 각각 V_A와 V_B로 할 경우, 다음과 같은 관계가 성립된다.

$$N_A \times V_A = N_B \times V_B \qquad \text{식(10-21)}$$

삼각플라스크 내 지시약은 산과 염기가 만나 진행되는 중화반응의 상태를 확인하기 위한 목적이다. 산의 양과 염기의 양이 거의 일치하여 중화가 완성되는 지점을 종말점(end point) 또는 당량점(equivalence point)이라 한다.

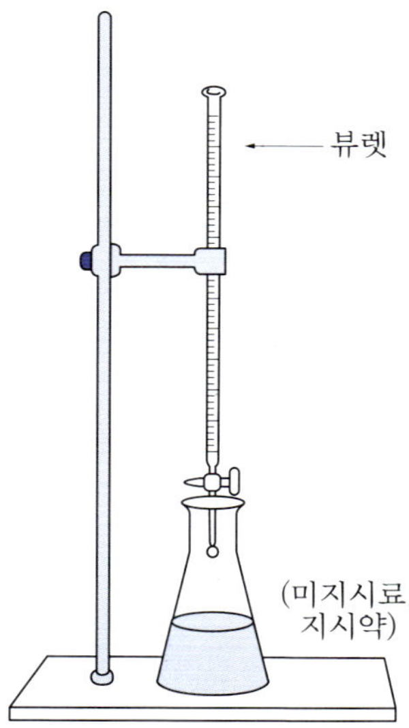

그림 10-1 산 – 염기 적정장치

예제 10-2) 미지농도의 NaOH수용액 50 mL를 중화하는데 황산 4.9 g이 녹아있는 황산수용액 100 mL 중 40 mL가 소비되었다. 미지시료의 노르말농도는?

풀이) 황산(H_2SO_4)의 몰질량이 98 g이므로 황산 4.9 g이 100 mL에 녹아있는 황산수용액의 노르말농도는 1 N이다(황산 1 mol은 2당량).

따라서, $N_A \times V_A = N_B \times V_B$

$\rightarrow$ (1 N) × (40 mL) = N_B × (50 mL)

$\rightarrow$ N_B = 0.8 N

정답) 0.8 N

10–7 완충용액

완충용액(buffer solution)은 소량의 산이나 염기를 첨가하여도 용액의 산성도(pH)가 변하지 않는 용액이다[144]. 용액의 제조는 약산과 짝염(conjugated salt) 또는 약염기와 짝염을 통해 가능하며 르샤틀리에 원리가 적용된다. 약산과 짝염으로서 대표적인 예는 아세트산(CH_3COOH)과 아세트산소듐(CH_3COONa)이다.

$$CH_3COOH + CH_3COONa \leftrightarrows 2CH_3COO^- (aq.) + H^+ (aq.) + Na^+ (aq.) \quad \text{식(10-22)}$$

아세트산소듐은 강전해질이라 수용액 내에서 100% 이온으로 해리되지만 아세트산은 약산이라 일부분만 해리된다. 만약 소량의 염기가 첨가되면 용액 중 수소 이온과 반응하여 물로 바뀔 것이며 수소 이온의 농도가 감소하게 된다. 그러나 이 경우에도 르샤틀리에 원리에 의해 다시 정반응이 진행되어 수소 이온의 농도를 처음과 같이 유지시켜 준다. 마찬가지로 약간의 산이 첨가되면 수소 이온의 농도가 증가하므로 생성물 농도의

144) 완충용액의 pH는 다양하며 산성영역의 완충용액과 염기성영역의 완충용액이 가능하다.

증가라는 외부적 자극을 제거하기 위해 역반응이 다시 진행되어 수소 이온의 농도를 일정하게 유지시켜 준다.

10-8 선택적 침전과 양이온 분리

여러 종류의 양이온이 포함된 수용액으로부터 특정한 이온만 용액에 남기고 나머지 다른 양이온들은 침전을 통해 양이온들을 용액으로부터 분리할 수 있다. 여기에는 수용액의 산성도(pH)를 적절한 범위로 조정함으로써 선택적 침전을 진행할 수 있다. 예로서 용해도곱상수가 8.0×10^{-6}인 수산화칼슘[$Ca(OH)_2$]이 녹아있는 25℃ 포화수용액으로부터 칼슘 이온(Ca^{2+})이 침전되지 않고 용액 내 남아있기 위한 수용액의 pH조건을 결정해보자. 만약 칼슘이온의 농도가 0.01 M이라고 가정한다면 포화용액인 수산화칼슘 수용액의 용해반응과 용해도곱상수는 다음과 같다.

$$Ca(OH)_2 \leftrightarrows Ca^{2+}\,(aq.) + 2OH^-\,(aq.) \qquad \text{식(10-23)}$$

$$K_{sp}[Ca(OH)_2] = [Ca^{2+}] \cdot [OH^-]^2 = 8.0 \times 10^{-6} \qquad \text{식(10-24)}$$

여기서 칼슘이온의 농도로 0.01 M을 대입한 후 수산이온의 농도를 통한 pOH와 pH를 계산하면 다음과 같다.

$$(0.01) \cdot [OH^-]^2 = 8.0 \times 10^{-6} \rightarrow [OH^-] \fallingdotseq 2.83 \times 10^{-2} \qquad \text{식(10-25)}$$

$$\rightarrow \text{pOH} = -\log 2.83 \times 10^{-2} = 2 - \log 2.83 \fallingdotseq 1.55 \qquad \text{식(10-26)}$$

$$\rightarrow (25℃\text{이므로})\ \text{pH} = 14 - \text{pOH} = 12.45 \qquad \text{식(10-27)}$$

용해도곱상수는 포화용액에서의 이온농도곱이므로 수산이온의 농도가 2.83×10^{-2} M을 초과하면 침전이 발생한다. 그러므로 수산화칼슘 수용액으로부터 칼슘이온의 침전을 방지하는 조건은 pH < 12.45이다.

예제 10-3) 25℃에서 수산화마그네슘[$Mg(OH)_2$]과 수산화제1철[$Fe(OH)_2$]이 녹아있는 수용액 중에서 용해도가 상대적으로 낮은 수산화제1철은 침전시키고 수산화마그네슘은 용액 중에 용해된 상태로 남겨두는 pH 조건을 밝히시오. (수산화마그네슘과 수산화제1철의 용해도곱상수는 각각 1.2×10^{-12}과 1.6×10^{-14}이고, 마그네슘 이온과 철 이온은 모두 0.01 M이다. 소수점 아래 둘째 자리까지만 표기)

풀이) 용해도곱상수는 포화용액에서의 이온농도곱이므로 이온농도곱이 용해도곱상수 보다 커지면 과포화용액이 되어 침전이 발생한다. 따라서 포화용액에서의 수산화이온(OH^-)의 농도만 계산하면 침전 조건을 알 수 있다.

먼저 $Mg(OH)_2$ 포화수용액에서 수산화이온의 농도를 계산한다.

$Mg(OH)_2 \leftrightarrows Mg^{2+}\ (aq.) + 2OH^-\ (aq.)$

$K_{sp}\,[Mg(OH)_2] = [Mg^{2+}] \cdot [OH^-]^2 = 1.2 \times 10^{-12}$

$\rightarrow\ (0.01) \cdot [OH^-]^2 = 1.2 \times 10^{-12}$

$\rightarrow\ [OH^-] \doteqdot 1.095 \times 10^{-5}$

$\rightarrow\ pOH = -\log[OH^-] = -\log(1.095 \times 10^{-5}) = 5 - \log 1.095 \doteqdot 0.039$

$\rightarrow$ (25℃이므로) $pH = 14 - pOH = 13.96$

다음으로 $Fe(OH)_2$ 포화수용액에서 수산화이온의 농도를 계산한다.

$Fe(OH)_2 \leftrightarrows Fe^{2+}\ (aq.) + 2OH^-\ (aq.)$

$K_{sp}\,[Fe(OH)_2] = [Fe^{2+}] \cdot [OH^-]^2 = 1.6 \times 10^{-14}$

$\rightarrow\ (0.01) \cdot [OH^-]^2 = 1.6 \times 10^{-14}$

$\rightarrow\ [OH^-] \doteqdot 1.265 \times 10^{-6}$

$\rightarrow\ pOH = -\log[OH^-] = -\log(1.265 \times 10^{-6}) = 6 - \log 1.265 \doteqdot 5.898$

$\rightarrow$ (25℃이므로) $pH = 14 - pOH = 8.10$

그러므로 필요한 조건은 $8.10 < pH \leq 13.96$

정답) $8.10 < pH \leq 13.96$

Chapter 10 연습문제

1. 수소이온이 없는 분자들도 산과 염기로 규정할 수 있는 산－염기 개념은?

2. 증류수 속에는 수소이온을 발견할 수 (있다, 없다).

3. 25℃에서 pOH가 7보다 큰 용액은 산성인가? 염기성인가?

4. 강염기인 수산화포타슘(KOH) 0.001 M 수용액의 pH는?

5. 쇳조각과 황산이 만나면 발생하는 기체의 화학식은?

6. K_b 수치가 클수록 (산성, 염기성)이 상대적으로 강하다.

7. 0.02 N, 200 mL 염산수용액을 중화적정하는데 NaOH수용액 80 mL가 소비되었다. NaOH수용액의 노르말농도는?

8. 완충용액의 pH는 항상 7이다. (예, 아니오)

9. 25℃에서 용해도곱상수가 1.8×10^{-14}인 수산화아연 수용액 내 아연이온의 농도가 0.01 M이다. 침전이 시작될 pH조건은?

10. 25℃에서 수산화칼슘[$Ca(OH)_2$]과 수산화제2구리[$Cu(OH)_2$]가 녹아있는 수용액 중에서 용해도가 상대적으로 낮은 수산화제2구리는 침전시키고 수산화칼슘은 용액 중에 용해된 상태로 남겨두는 pH 조건을 밝히시오. (수산화칼슘과 수산화제2구리의 용해도곱상수는 각각 8.0×10^{-6}과 2.2×10^{-20}이고, 칼슘이온과 구리이온은 모두 0.01 M이다. 소수점 아래 둘째 자리까지만 표기)

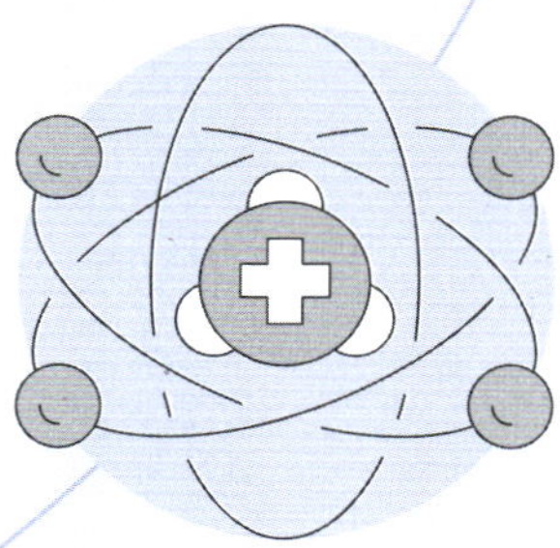

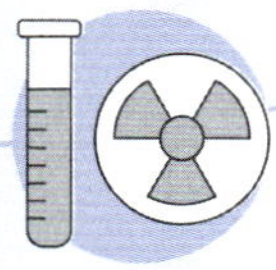

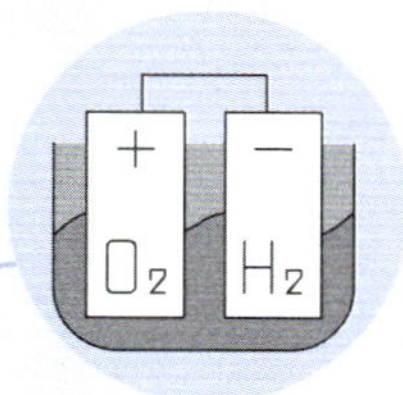
+
−
O2
H2

Chapter **11**

산화와 환원

산화반응(oxidation)은 산소와 결합하거나 수소와 전자가 분리되는 반응이라는 표현은 산화반응의 대표적인 형태이긴 하나 정의가 아니다. 또한 환원반응(reduction)은 그 반대로 산소가 떨어져 나가거나 수소와 전자가 결합하는 과정이라는 표현도 역시 마찬가지이다. 산화반응과 환원반응은 산화수(oxidation number)의 변화로 정의한다. 산화수는 원자를 대상으로 하며 여러 화학종 내에서 그 원자가 지닌 산화상태를 나타내는 수치이다. 즉, 산화반응은 산화수가 증가하는 반응으로 정의되고, 환원반응은 산화수가 감소하는 반응으로 정의한다. 산화반응과 환원반응은 항상 동시에 진행되는 경우가 대부분이다. 그러므로 화학반응에서 한쪽이 산화되면 그 상대편 물질은 환원이 되므로 이를 산화－환원반응이라고 하며 레독스반응(redox reaction)이라고 말하기도 한다. 화학반응을 통해 상대방을 산화시키고 자신은 환원되는 물질을 산화제(oxidizing agent)라 하고, 그 반대로 반응하는 상대를 환원시키고 자신은 산화되는 물질을 환원제(reducing agent)라고 한다.

11–1 산화수

산화수는 분자 또는 이온 내 존재하는 특정 원자의 산화상태를 나타내는 수치로서 다음의 몇 가지 기준에 의해 결정된다.

① 원소와 단체 내 원자의 산화수는 0이다.
② 단원자이온을 구성하는 원자의 산화수는 이온의 전하와 같다.
③ 화합물 내 산소 원자의 산화수는 －2이다(단, 과산화물의 경우는 －1).
④ 화합물 내 수소 원자의 산화수는 ＋1이다(단, 금속화합물의 경우는 －1).
⑤ 화합물 내 원자들의 산화수 합은 0이다.
⑥ 다원자이온 내 원자들의 산화수 합은 이온의 전하와 같다.

동일한 원소도 서로 다른 화학종 내에서는 서로 다른 산화수를 가진다.

예제 11-1) 다음 화학종들 내 밑줄 친 원자의 산화수를 밝히시오.

a) $\underline{O}_3$　　b) $H_2\underline{S}$　　c) $\underline{S}O_2$

d) $H_2\underline{S}O_4$　　e) $\underline{Ca}H_2$　　f) $H_2\underline{O}_2$

g) $\underline{Mn}^{7+}$　　h) $\underline{Cr}_2O_7^{\,2-}$

풀이) a) 단체 내 산소 원자이므로 산화수는 0

b) 화합물 내 수소의 산화수는 +1이므로, 화합물 내 원자들의 산화수 합이 0이 되기 위해서 S의 산화수는 −2

c) 화합물 내 산소의 산화수는 −2이므로, 화합물 내 원자들의 산화수 합이 0이 되기 위해서 S의 산화수는 +4

d) 화합물 내 수소의 산화수는 +1이고 산소의 산화수는 −2이므로, 화합물 내 원자들의 산화수 합이 0이 되기 위해서 S의 산화수는 +6

e) Ca는 금속이므로 금속화합물 내 수소의 산화수는 −1이며 화합물 내 원자들의 산화수 합이 0이 되기 위해서 Ca의 산화수는 +2

f) H_2O_2는 과산화물이므로 산소의 산화수는 −1 (또는 화합물 내 수소의 산화수는 +1이므로 전체 산화수 합이 0이 되기 위해서 산소의 산화수는 −1)

g) 단원자이온 내 원자의 산화수는 이온의 전하와 같으므로 +7

h) 산소의 산화수가 −2이며 7개가 있으므로 −14, 2개의 Cr원자와 산화수를 합한 결과가 −2이므로 Cr원자 한 개의 산화수는 +6

정답) a) 0　　b) −2　　c) +4

d) +6　　e) +2　　f) −1

g) +7　　h) +6

산화반응과 환원반응을 확인하기 위한 산화수 변화를 쇠가 녹스는 과정을 예로 들어 살펴보자. 이 과정은 아래와 같이 철(Fe)의 산화수가 0에서 +2로 증가하므로 산화반응이다.

$$\underset{0}{\underline{Fe}}\,(s) + \frac{1}{2}O_2\,(g) \rightarrow \underset{+2}{\underline{Fe}O}\,(s) \qquad \text{식(11-1)}$$

11-2 이온반응식

이온반응식(ionic equation)은 반응식 내 이온들이 포함되어 있으며 구성 원자들의 산화반응과 환원반응이 표현되는 산화-환원반응식이다. 따라서 이온반응식의 완성은 반응물과 생성물 양쪽의 전하도 맞추어야 하며 전자들의 이동도 표현해야 한다. 일반적으로 수용액 내 이온반응식을 완성하는 과정은 다음의 단계들을 차례로 따라야 한다. 특히 수용액의 상태가 수소이온이 풍부한 산성 용액인지, 반대로 수산이온이 더 풍부한 염기성 용액인지에 따라 과정상의 작은 차이[145]가 있다.

산성 용액의 경우

1. 반쪽반응[146]으로 분리
   한 개의 이온반응식을 중요한 원자를 중심으로 두 개의 반응식으로 분리하는 과정
2. 중요한 원자의 개수 맞추기
   중요 원자의 개수를 반응식 내 화살표 양쪽에서 개수가 같게 하는 과정
3. 물 분자(H_2O)를 이용하여 산소원자의 개수 맞추기
   산소원자의 개수를 반응식 내 화살표 양쪽에서 산소원자의 개수가 같게 하는 과정
4. 수소이온(H^+)으로 수소원자의 개수 맞추기
   산성 용액 내 풍부한 수소이온을 이용하여 반응식 내 화살표 양쪽에서 수소원자의 개수가 같게 하는 과정
5. 전자(e^-)를 이용하여 전하를 같게 하기
   -1가의 전자를 첨가하여 반응식 내 화살표 양쪽의 전하가 같게 하는 과정
6. 전자 개수 같게 하기 및 동일 물질 상쇄
   반응식 내 화살표 양쪽에 존재하는 동일물질들을 상쇄하고 전자들의 개수를 동일하게 하기 위해 필요한 반쪽반응을 정수배 하는 과정
7. 두 개의 반쪽반응을 한 개로 합하기
   반응물은 반응물끼리, 생성물은 생성물끼리 합한 후 동일한 화학종이 있으면 서로 상쇄하여 반응식을 완성하는 과정

145) 염기성 용액에서는 5번 단계에 새로운 단계가 하나 더 들어있다.

146) half reaction, 한 개의 반응식을 주된 원자들의 변화를 표현하기 위해 두 개로 쪼갠 것

염기성 용액의 경우

1. 반쪽반응으로 분리
   한 개의 이온반응식을 중요한 원자를 중심으로 두 개의 반응식으로 분리하는 과정
2. 중요한 원자의 개수 맞추기
   중요 원자의 개수를 반응식 내 화살표 양쪽에서 중요 원자의 개수가 같게 하는 과정
3. 물 분자(H_2O)를 이용하여 산소원자의 개수 맞추기
   산소원자의 개수를 반응식 내 화살표 양쪽에서 산소원자의 개수가 같게 하는 과정
4. 수소이온(H^+)으로 수소원자의 개수 맞추기
   산성 용액 내 풍부한 수소이온을 이용하여 반응식 내 화살표 양쪽에서 수소원자의 개수가 같게 하는 과정
5. 수산이온(OH^-)을 이용하여 수소이온 없애기
   염기성 용액이므로 수소이온보다 더 많은 수산이온을 이용하여 수소이온을 중화하여 없애는 과정
6. 전자(e^-)를 이용하여 전하를 같게 하기
   −1가의 전자를 첨가하여 반응식 내 화살표 양쪽의 전하가 같게 하는 과정
7. 전자 개수 같게 하기 및 동일 물질 상쇄
   반응식 내 화살표 양쪽에 존재하는 동일물질들을 상쇄하고 전자들의 개수를 동일하게 하기 위해 필요한 반쪽반응을 정수배 하는 과정
8. 두 개의 반쪽반응을 한 개로 합하기
   반응물은 반응물끼리, 생성물은 생성물끼리 합한 후 동일한 화학종이 있으면 서로 상쇄하여 반응식을 완성하는 과정

예로서 산성수용액 내 다음 이온반응식을 단계별로 완성해보자.

$$Cu\,(s) + NO_3^-\,(aq.) \rightarrow Cu^{2+}\,(aq.) + NO_2\,(g)$$ 식(11-2)

1. 반쪽반응으로 분리

$$Cu\,(s) \rightarrow Cu^{2+}\,(aq.)$$ 식(11-3)

$$NO_3^-\,(aq.) \rightarrow NO_2\,(g)$$ 식(11-4)

2. 중요한 원자의 개수 맞추기[147)]

$$Cu\,(s) \rightarrow Cu^{2+}\,(aq.)$$ 식(11-5)

$$NO_3^-\,(aq.) \rightarrow NO_2\,(g)$$ 식(11-6)

147) Cu와 N이 주된 원자이나 모두 한 개씩이어서 정리할 것이 없음. O와 H는 주된 원자가 아님.

3. 물 분자(H_2O)를 이용하여 산소원자의 개수 맞추기

$Cu\ (s) \rightarrow Cu^{2+}\ (aq.)$ 식(11-7)

$NO_3^-\ (aq.) \rightarrow NO_2\ (g) + H_2O\ (l)$ 식(11-8)

4. 수소이온(H^+)으로 수소원자의 개수 맞추기

$Cu(s) \rightarrow Cu^{2+}\ (aq.)$ 식(11-9)

$NO_3^-\ (aq.) + 2H+(aq.) \rightarrow NO_2\ (g) + H_2O\ (l)$ 식(11-10)

5. 전자(e-)를 이용하여 전하 맞추기

$Cu(s) \rightarrow Cu^{2+}\ (aq.) + 2e^-$ 식(11-11)

$NO_3^-\ (aq.) + 2H^+\ (aq.) + e^- \rightarrow NO_2\ (g) + H_2O\ (l)$ 식(11-12)

6. 전자 개수 같게 하기 및 동일 물질 상쇄[148)]

$Cu\ (s) \rightarrow Cu^{2+}\ (aq.) + 2e^-$ 식(11-13)

$2NO_3^-\ (aq.) + 4H^+\ (aq.) + 2e^- \rightarrow 2NO_2\ (g) + 2H_2O\ (l)$ 식(11-14)

7. 두 개의 반쪽반응을 한 개로 합하기[149)]

$Cu\ (s) + 2NO_3^-\ (aq.) + 4H^+\ (aq.) \rightarrow Cu^{2+}\ (aq.) + 2NO_2\ (g) + 2H_2O\ (l)$

식(11-15)

이번에는 염기성 수용액 내 이온반응식을 예로 들어보자.

$Pb(OH)_3^-\ (aq.) + OCl^-\ (aq.) \rightarrow PbO_2\ (s) + Cl^-\ (aq.)$ 식(11-16)

1. 반쪽반응으로 분리

$Pb(OH)_3^-\ (aq.) \rightarrow PbO_2\ (s)$ 식(11-17)

$OCl^-\ (aq.) \rightarrow Cl^-\ (aq.)$ 식(11-18)

2. 중요한 원자의 개수 맞추기[150)]

$Pb(OH)_3^-\ (aq.) \rightarrow PbO_2\ (s)$ 식(11-19)

148) 반응물 전자의 개수를 2개로 맞추기 위해 식 11-12를 두 배로 곱함.

149) 반응물과 생성물 양쪽에 2개씩 동일하게 있는 전자는 서로 상쇄됨.

150) Pb와 Cl이 주된 원자이지만 모두 한 개씩 있어서 정리할 것이 없음.

$OCl^- (aq.) \rightarrow Cl^- (aq.)$ 식(11-20)

3. 물 분자(H_2O)를 이용하여 산소원자의 개수 맞추기

$Pb(OH)_3^- (aq.) \rightarrow PbO_2 (s) + H_2O (l)$ 식(11-21)

$OCl^- (aq.) \rightarrow Cl^- (aq.) + H_2O (l)$ 식(11-22)

4. 수소이온(H^+)으로 수소원자의 개수 맞추기

$Pb(OH)_3^- (aq.) \rightarrow PbO_2 (s) + H_2O (l) + H^+ (aq.)$ 식(11-23)

$OCl^- (aq.) + 2H^+ (aq.) \rightarrow Cl^- (aq.) + H_2O (l)$ 식(11-24)

5. 수산이온(OH^-)을 이용하여 수소이온 없애기[151)]

$Pb(OH)_3^- (aq.) + OH^- (aq.) \rightarrow PbO_2 (s) + 2H_2O (l)$ 식(11-25)

$OCl^- (aq.) + 2H_2O (l) \rightarrow Cl^- (aq.) + H_2O (l) + 2OH^- (aq.)$ 식(11-26)

6. 전자(e^-)를 이용하여 전하 맞추기

$Pb(OH)_3^- (aq.) + OH^- (aq.) \rightarrow PbO_2(s) + 2H_2O (l) + 2e^-$ 식(11-27)

$OCl^- (aq.) + 2H_2O (l) + 2e^- \rightarrow Cl^- (aq.) + H_2O (l) + 2OH^- (aq.)$ 식(11-28)

7. 전자 개수 및 동일 물질 상쇄[152)]

$Pb(OH)_3^- (aq.) \rightarrow PbO_2 (s)$ 식(11-29)

$OCl^- (aq.) \rightarrow Cl^- (aq.) + H_2O (l) + OH^- (aq.)$ 식(11-30)

8. 두 개의 반쪽반응을 한 개로 합하기

$Pb(OH)_3^- (aq.) + OCl^- (aq.) \rightarrow PbO_2 (s) + Cl^- (aq.) + H_2O (l) + OH^- (aq.)$ 식(11-31)

151) $H^+ (aq.) + OH^- (aq.) \rightarrow H_2O (l)$

152) 화살표 양쪽에 전자는 각각 2개씩 있어서 상쇄, 물과 수산이온은 생성물에 1개씩 남음.

예제 11-2) 다음 이온반응식을 완성하시오(염기성 수용액).

CN^- (aq.) + MnO_4^- (aq.) → MnO_2 (s) + CNO^- (aq.)

풀이) 염기성 수용액에서의 이온반응식을 완성하는 단계를 진행해보자.

1. 반쪽반응으로 분리

   CN^- (aq.) → CNO^- (aq.)

   MnO_4^- (aq.) → MnO_2 (s)

2. 중요한 원자의 개수 맞추기

   CN^- (aq.) → CNO^- (aq.)

   MnO_4^- (aq.) → MnO_2 (s)

3. 물 분자(H_2O)를 이용하여 산소원자의 개수 맞추기

   CN^- (aq.) + H_2O (l) → CNO^- (aq.)

   MnO_4^- (aq.) → MnO_2 (s) + $2H_2O$ (l)

4. 수소이온(H^+)으로 수소원자의 개수 맞추기

   CN^- (aq.) + H_2O (l) → CNO− (aq.) + $2H^+$ (aq.)

   MnO_4^- (aq.) + $4H^+$ (aq.) → MnO_2 (s) + $2H_2O$ (l)

5. 수산이온(OH^-)을 이용하여 수소이온 없애기

   CN^- (aq.) + H_2O (l) + $2OH^-$ (aq.) → CNO^- (aq.) + $2H_2O$ (l)

   MnO_4^- (aq.) + $4H_2O$ (l) → MnO_2 (s) + $2H_2O$ (l) + $4OH^-$ (aq.)

6. 전자(e^-)를 이용하여 전하 맞추기

   CN^- (aq.) + $2OH^-$ (aq.) → CNO^- (aq.) + H_2O (l) + $2e^-$

   MnO_4^- (aq.) + $2H_2O$ (l) + $3e^-$ → MnO_2 (s) + $4OH^-$ (aq.)

7. 전자 개수 및 동일 물질 상쇄

   $3CN^-$ (aq.) + $6OH^-$ (aq.) → $3CNO^-$ (aq.) + $3H_2O$ (l) + $6e^-$

   $2MnO_4^-$ (aq.) + $4H_2O$ (l) + $6e^-$ → $2MnO_2$ (s) + $8OH^-$ (aq.)

8. 두 개의 반쪽반응을 한 개로 합하기

   $3CN^-$ (aq.) + $2MnO_4^-$ (aq.) + H_2O (l)

   → $3CNO^-$ (aq.) + $2MnO_2$ (s) + $2OH^-$ (aq.)

정답) $3CN^-$ (aq.) + $2MnO_4^-$ (aq.) + H_2O (l)

→ $3CNO^-$ (aq.) + $2MnO_2$ (s) + $2OH^-$ (aq.)

11-3 전극과 전극전위

전극(electrode)은 금속과 그 금속이온이 접촉하고 있는 것으로서 산화반응 또는 환원반응이 진행되는 물체를 말하지만 예외적으로는 비금속이 그 이온과 접촉한 것도 있다.[153] 전극에서는 전기적 에너지와 화학적 에너지가 서로 전환되는 곳이어서 전기화학적 반응이 진행된다. 전기적 에너지가 화학적에너지로 바뀌는 예는 전기분해(electrolysis)가 대표적이며, 화학적 에너지가 전기적 에너지로 전환되는 예는 전지(battery)이다.

전극은 두 종류로서 산화반응이 진행되는 산화전극(anode)[154]과 환원반응이 진행되는 환원전극(cathode)[155]이 있다. 전극에서는 전기화학적 반응이 진행되므로 전자(electron, e^-)들의 이동이 있다. 전기적 에너지와 화학적 에너지가 얼마나 강하게 에너지 변환을 하는가에 따라 전극반응의 활성도가 달라진다. 전극은 금속 재질의 종류에 따라 전극반응의 활성이 서로 다르며, 그 활성의 크기를 전극전위(electrode potential, E)라고 한다. 전극전위는 온도에 따라 미세한 차이를 나타내므로 표준상태인 25℃, 1기압에서 환원반응 형태로 표현한 전극전위가 표준환원전위(standard reduction potential, E^o)[156]이다. 전극전위는 수소이온이 수소 기체로 바뀌는 환원성을 기준으로 하고 그에 대한 상대적인 산화성과 환원성을 전압(voltage, V)으로 나타낸다. 모든 전극전위의 기준이 되는 수소전극을 표준수소전극(standard hydrogen electrode, SHE)[157]이라고 하며 그 전위값은 기준점인 0 volt (V)이다. 전극전위가 양의 값이면 수소전극에 비해 환원성이 더 강함을 의미하며 음의 값이면 산화성이 더 강함을 나타낸다. 만약 두 전극이 모두 음의 값이면 상대적으로 절대값이 큰 전극이 더 큰 산화성을 가진다. 표준수소전극은 백금을 전자의 이동통로로 사용하며 용액 중 수소이온의 활동도는 1 M로, 수소기체의 압력은 1기압으로, 온도는 25℃로 정확히 유지해야 한다. 따라서 수소표준전극은 기준전극으로서 사용상의 제한과 불편함이 있다. 참조전극(reference electrode)은 표준수소전극에서 보정을 받은 기준전극이며 표준수소전극에 비해 사용상의 편리함이 있다.

153) 기체상태의 수소(H_2)전극 등.
154) 양극이라고 한다. +극 개념과는 차이가 있으므로 산화전극이라고 하는 것이 편리하다.
155) 음극이라고 한다. −극 개념과는 차이가 있으므로 환원전극이라고 하는 것이 편리하다.
156) 표준환원전극전위라고도 한다.
157) NHE (natural hydrogen electrode) 또는 HSE (hydrogen standard electrode)라고도 한다.

참조전극의 대표적인 예는 감홍전극(calomel electrode)[158]이며 염화제1수은(Hg_2Cl_2)[159]을 전극물질로 사용한다.

표 11-1 전극의 표준환원전위(E^o, V)

전 극 반 응	E^o (V)
F_2 (g) + $2e^-$ → 2 F^- (aq.)	+2.87
Co^{3+} (aq.) + e- → Co^{2+} (aq.)	+1.82
Au^{3+} (aq.) + $3e^-$ → Au (s)	+1.50
O_2 (g) + $4H^+$ (aq.) + $4e^-$ → $2H_2O$ (l)	+1.23
Ag^+ (aq.) + e^- → Ag (s)	+0.80
Fe^{3+} (aq.) + e^- → Fe^{2+} (aq.)	+0.77
Cu^{2+} (aq.) + $2e^-$ → Cu (s)	+0.34
$2H^+$ (aq.) + $2e^-$ → H_2 (g)	0
Sn^{2+} (aq.) + $2e^-$ → Sn (s) Ni^{2+} (aq.) + $2e^-$ → Ni (s)	−0.14 −0.28
Fe^{2+} (aq.) + $2e^-$ → Fe (s)	−0.44
Zn^{2+} (aq.) + $2e^-$ → Zn (s)	−0.76
Al^{3+} (aq.) + $3e^-$ → Al (s)	−1.66
Mg^{2+} (aq.) + $2e^-$ → Mg (s) Na^+ (aq.) + e^- → Na (s) Ca^{2+} (aq.) + $2e^-$ → Ca (s)	−2.37 −2.71 −2.87
K^+ (aq.) + e^- → K (s) Li^+ (aq.) + e^- → Li (s)	−2.93 −3.05

표준환원전위를 보면 금속들의 상대적인 산화환원성을 비교할 수 있다. 도표에서 위쪽에 위치할수록 환원성이 더 크고, 아래쪽일수록 산화성이 상대적으로 더 강하다. 예로서 칼슘(Ca)은 아연(Zn)보다 산화성이 더 큰 금속이며, 금(Au)은 은(Ag)보다 환원성이 상대적으로 더 크다.

158) 칼로멜전극이라고도 한다.
159) 관습적인 물질명이 감홍이다.

11-4 네른스트식과 전지의 기전력

네른스트식(Nernst's equation)은 표준상태가 아닌 조건에서 전극전위(E)를 결정하는 방법이다. 온도가 25℃도 아니며 전극이 담긴 용액의 금속 이온의 농도도 1 M이 아닌 일반적인 상태에서 전극전위를 계산하는 수식이다. 네른스트식은 표준환원전위(E^o)로부터 표준상태가 아닌 조건들을 대입하여 그 결과를 계산한다.

$$\text{네른스트식} : E = E^\circ - \frac{R \cdot T}{n \cdot F} \ln \frac{a_{\text{생}}}{a_{\text{반}}} \qquad \text{식(11-32)}$$

이 식에 사용되는 인자는 기체상수(R, 8.314 J/mol・K), 절대온도(T, K), 전극반응에 참여하는 전자의 개수(n, 개) 및 패러데이 상수(F, 96485 C/mol)[160]이다. 또한 생성물의 활동도[161]($a_{\text{생}}$, mol)와 반응물의 활동도($a_{\text{반}}$, mol)는 생성물과 반응물의 실제 농도를 의미한다.

네른스트식의 계산을 더 편리하게 하기 위하여 25℃에서만 사용할 수 있는 수식도 있다. 기존의 네른스트식에 미리 기체상수와 온도(298 K)와 패러데이상수를 대입하여 계산한 후 대수치인 자연로그(ln)를 상용로그(log)로 바꾼 식이다.

$$\text{네른스트식(25℃)} : E = E^\circ - \frac{0.0591}{n} \log \frac{a_{\text{생}}}{a_{\text{반}}} \qquad \text{식(11-33)}$$

전지는 +극(환원전극, cathode)[162]과 −극(산화전극, anode)[163] 사이에서 발생되는 전위차를 이용하는 장치이다, 이 전위차를 전지의 기전력(electro motive force, emf)이라 하며, 환원전극전위에서 산화전극전위를 뺀 값이다. 따라서 전지의 기전력은 각각의 전극전위를 네른스트식으로 계산한 후 그 차이를 통해 결정한다.

$$\text{전지의 기전력(emf, V)} = E_{cathode} - E_{anode} \qquad \text{식(11-34)}$$

160) 전자 1 mol이 가지는 전하량. 실제 계산 시는 96485 J/mol・V를 이용
161) activity (활동도, a)
162) 전자가 들어가는 전극(=전류가 발생하여 나오는 전극)
163) 전자가 나오는 전극(=전류가 들어오는 전극)

자발적인 산화환원반응을 통해 두 전극 사이에서 전기를 발생하는 장치를 볼타전지(Voltaic cell)라고 한다[164]. 가장 대표적인 볼타전지는 구리와 아연을 두 전극의 전극물질로 사용한 것이다. 구리는 표준환원전위가 +0.34로서 −0.76인 아연보다 환원성이 더 크다. 따라서 두 금속 사이에는 두 개의 전자가 아연전극으로부터 나와서 구리전극으로 이동하게 되어 아연은 산화되며 구리는 환원된다.

산화전극반응 : $Zn\,(s) \rightarrow Zn^{2+}\,(aq.) + 2e^-$ 식(11-35)

환원전극반응 : $Cu^{2+}\,(aq.) + 2e^- \rightarrow Cu\,(s)$ 식(11-36)

전지반응 : $Zn\,(s) + Cu^{2+}\,(aq.) \rightarrow Zn^{2+}\,(aq.) + Cu\,(s)$ 식(11-37)

만약 표준상태이면 이 볼타전지의 기전력은 표준환원전위의 차이이므로 $E_{Cu}°$에서 $E_{Zn}°$을 뺀 값이고 0.34V − (−0.76V) = 1.1 V가 된다. 이 밖에도 현대사회에서 유용하게 사용되는 전지들의 전극반응은 다음과 같다.

건전지(dry cell)[165]

산화전극 : $Zn(s) + 2OH^-\,(aq.) \rightarrow Zn(OH)_2\,(s) + 2e^-$ 식(11-38)

환원전극 : $2MnO_2\,(s) + 2H_2O\,(l) + 2e^- \rightarrow 2MnO(OH)\,(s) + 2OH^-$ 식(11-39)

전지반응 : $Zn(s) + 2MnO_2\,(s) + 2H_2O\,(l)$

$\rightarrow Zn(OH)_2\,(s) + 2MnO(OH)\,(s)$ 식(11-40)

납축전지(lead storage battery)

산화전극 : $Pb(s) + HSO_4^-\,(aq.) \rightarrow PbSO_4\,(s) + H^+\,(aq.) + 2e^-$ 식(11-41)

환원전극 : $PbO_2\,(s) + HSO_4^-\,(aq.) + 3H^+\,(aq.) + 2e^-$

$\rightarrow PbSO_4\,(s) + 2H_2O\,(l)$ 식(11-42)

전지반응 : $Pb\,(s) + 2HSO_4^-\,(aq.) + PbO_2\,(s) + 2H^+\,(aq.)$

$\rightarrow 2PbSO_4\,(s) + 2H_2O\,(l)$ 식(11-43)

164) 갈바니(Galvani)도 관련된 기초적인 연구를 했다고 하여 갈바니전지라고 하기도 함.

165) 알칼리전지(alkaline battery)의 한 종류이다.

수소연료전지(hydrogen fuel cell)

산화전극반응 : $2H_2(g) \rightarrow 4H^+(aq.) + 4e^-$ 식(11-44)

환원전극반응 : $O_2(g) + 4H^+(aq.) + 4e^- \rightarrow 2H_2O(l)$ 식(11-45)

전지반응 : $2H_2(g) + O_2(g) \rightarrow 2H_2O(l)$ 식(11-46)

전지의 구성을 표기하는 대표적인 방법은 금속과 금속이온 사이에는 세로줄 한 개로 표기하고 전극과 전극 사이에는 두 줄의 세로줄로 구분한다. 또한 관습적으로 왼쪽에는 환원전극을 표기하고 오른쪽에는 산화전극을 표기한다.

예제 11-3) 아래 전지의 기전력을 계산하시오(소수점 아래 두 번째 자리까지 표기).
$(+)\ Cu(s)\ |\ Cu^{2+}(0.1\ M)\ \|\ Zn^{2+}(0.01\ M)\ |\ Zn(s)\ (-)$ (25℃)

풀이) 25℃이므로 먼저 전극반응과 식(11-33)을 이용하여 구리전극과 아연전극의 전극전위를 각각 계산한다. 단, 금속 고체의 활동도(a)는 1이다.

$Cu^{2+}(aq.) + 2e^- \rightarrow Cu(s)$

$$\begin{aligned} E_{Cu} &= E_{Cu}{}^{\circ} - \frac{0.0591}{n} \times \log \frac{a_{생}}{a_{반}} \\ &= 0.34 - \frac{0.0591}{2} \times \log \frac{1}{0.1} \\ &= 0.34 - (0.02955) \cdot (1) \fallingdotseq 0.31\,(V) \end{aligned}$$

$Zn(s) \rightarrow Zn^{2+}(aq.) + 2e^-$

$$\begin{aligned} E_{Zn} &= E_{Zn}{}^{\circ} - \frac{0.0591}{n} \times \log \frac{a_{생}}{a_{반}} \\ &= -0.76 - \frac{0.0591}{2} \times \log \frac{0.01}{1} \\ &= -0.76 - (0.02955) \cdot (2) \fallingdotseq -0.70\,(V) \end{aligned}$$

마지막으로 전지의 기전력(emf)은 식(11-34)에 의해 계산한다.

$$\begin{aligned} \text{기전력(emf)} &= E_{cathode} - E_{anode} \\ &= E_{Cu} - E_{Zn} \\ &= 0.31 - (-0.70) = 1.01\,(V) \end{aligned}$$

정답) 1.01 V

11-5 금속의 부식과 방식

금속의 부식(corrosion)은 천천히 진행되는 자발적인 산화반응이며 기본적으로는 공기 중 산소기체와 수분에 의해 발생되고 산성물질과의 접촉을 통해 그 속도를 더 빨라지게 한다. 따라서 가장 쉽게 볼 수 있는 쇠의 녹(rust)은 그 성분이 산화철(iron oxide) 종류들[166]이다.

$$2Fe\ (s) + O_2\ (g) \rightarrow 2FeO\ (s)$$ 식(11-47)

$$4Fe\ (s) + 3O_2\ (g) \rightarrow 2Fe_2O_3\ (s)$$ 식(11-48)

금속의 부식을 방지하는 대표적인 방법은 금속의 표면을 다양한 산화제로부터 차단하는 것이다. 이를 위해 방식[167]용 도료와 산화피막을 형성하는 방법 등이 이용되고 도금을 통해 금속 피막으로 부식을 방지하기도 한다. 이외도 지하 매설된 송유관 등의 대규모 시설들은 부식을 방지하기 위해 금속의 산화환원 서열을 적용한 희생양극(sacrificial anode)을 사용한다. 희생양극은 철(Fe)보다 산화성이 더 큰 아연(Zn)[168] 등의 금속을 송유관 주변에 전선으로 연결하여 묻어두면 아연이 모두 산화되어 없어지기 전까지는 철의 부식이 진행되지 않는 점을 이용한 것이다.

166) 산화제1철(FeO)과 산화제2철(Fe_2O_3)이 대표적

167) 부식 방지(corrosion proof)를 의미

168) 제1철의 표준환원전위는 −0.44 V이고 아연은 −0.76 V이다.

Chapter 11 연습문제

1. 산화제는 화학반응에서 산화수가 (올라간다, 내려간다).

2. 다음 화학종들 내 밑줄 친 원자의 산화수는?
   a) $\underline{S}_8$　　b) $\underline{C}N^-$　　c) $\underline{C}H_4$　　d) $\underline{Mn}O_4^-$

3. 다음의 이온반응식을 완성하시오(산성수용액).
   $Cr_2O_7^{2-}\ (aq.) + Cl^-\ (aq.) \rightarrow Cl_2\ (g) + Cr^{3+}\ (aq.)$

4. 다음 금속들의 산화환원서열 중 괄호 안에 들어갈 수 있는 금속은?
   Li　Ca　(　　)　Al　Zn
   ① Pb　　② Fe　　③ Hg　　④ Mg

5. 표준상태에서 주석(Sn)과 칼슘(Ca)을 연결한 넓은 의미의 볼타전지의 기전력은 몇 V (볼트)인가?

6. 염기성 수용액에서의 다음 이온반응식을 완성하시오.
   $ClO^-\ (aq.) + Cr(OH)_3\ (s) \rightarrow Cl_2\ (g) + CrO_4^{2-}\ (aq.)$

7. 17℃, 1기압에서 다음 전지의 기전력을 구하시오. (소숫점 아래 둘째자리까지 표기)
   $(+)\ Ni\ (s)\ |\ Ni^{2+}\ (0.01\ M)\ \|\ Mg^{2+}\ (0.1\ M)\ |\ Mg\ (s)\ (-)$

8. 건전지의 (－)극은 (산화전극, 환원전극)이다.

9. 납축전지의 환원전극에서 납(Pb)의 산화수 변화의 크기는?

10. 납축전지의 두 전극반응에서 공통적으로 생성되는 물질의 화학식은?

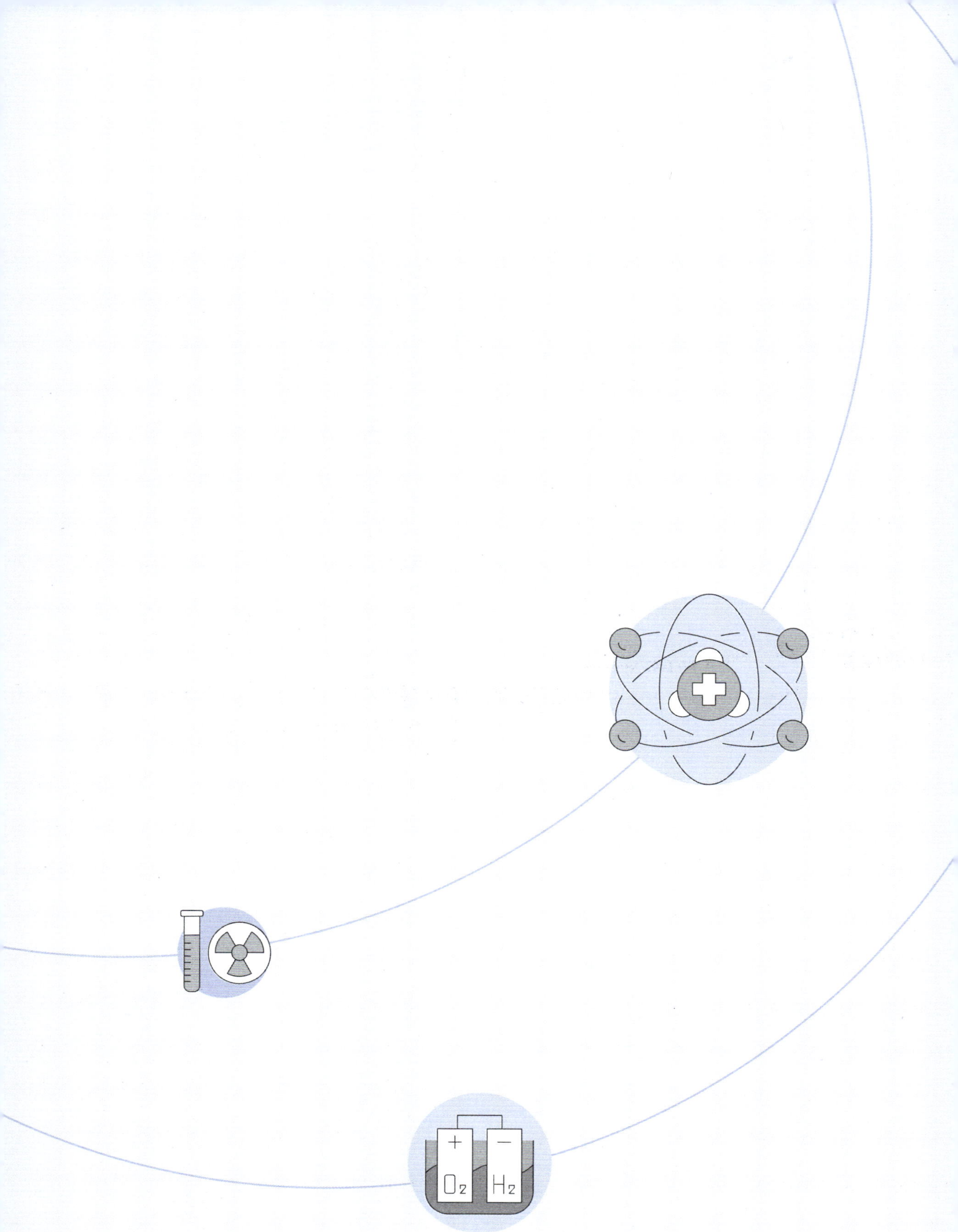
+ −
O2 H2

Chapter 12

화학반응의 종류와 속도

화학반응은 시간의 경과에 따라 물질의 화학적 성분이 변화하는 과정이다. 그러므로 어떤 반응과정을 통해 얼마나 빨리 변화하는 것인지에 대한 관심이 크다. 또한 이런 관점에서 일관된 형식과 객관적인 사실을 표현할 수 있는 기준을 정하는 일도 중요하다. 화학반응의 종류는 화학반응의 결과로서 생겨난 생성물의 성분을 통해 산화반응(oxidation), 환원반응(reduction), 수소화반응(hydrogenation), 탈수소화반응(dehydrogenation), 할로젠화반응(halogenation), 가수분해반응(hydrolysis), 탈수반응(dehydration), 알킬화반응(alkylation), 에스테르화반응(esterification) 등 무수히 많다. 그러나 이 장에서는 성분적 변화의 관점이 아니라 형태적 변화의 관점에서 화학반응의 대표적인 진행 유형와 반응속도에 대해 알아보고자 한다.

12-1 화학반응의 형태

화학반응의 형태는 세부적으로 그 종류가 많으나 반응물 사이의 방법적 관점에서 분류하면 부가(addition)반응, 제거(elimination)반응, 치환(substitution)반응, 상호교환(metathesis)반응, 중합(polimerization)반응의 5가지로 크게 나눌 수 있다. 중합반응은 부가반응의 한 종류로도 볼 수 있으나 독특한 결합법과 생성물 크기의 관점에서 따로 분류된다.

12-1-1 부가반응

부가반응은 생성물의 형성이 반응물들 사이의 직접적인 결합으로 진행되는 가장 기본적인 화학반응이다.

$$NH_3\,(g) + HCl\,(g) \rightarrow NH_4Cl\,(g) \qquad \text{식(12-1)}$$

$$C_2H_4\,(g) + H_2\,(g) \rightarrow C_2H_6\,(g) \qquad \text{식(12-2)}$$

12-1-2 제거반응

제거반응은 부가반응의 역방향 과정으로서 생성물의 형성이 반응물 분자 내 존재하는 일부 원자의 이탈을 통해 진행되는 화학반응이다. 제거반응의 형태가 일반적인 분해반응(decomposition reaction)과 유사하지만 생성물들에 대한 관심이 균등한지 아닌지의 기준에서는 약간의 차이가 있다고 할 수 있다.

$$C_6H_{12}\,(l) \rightarrow C_6H_6\,(l) + 3H_2\,(g) \qquad \text{식(12-3)}$$

$$C_2H_6\,(g) \rightarrow C_2H_4\,(g) + H_2\,(g) \qquad \text{식(12-4)}$$

12-1-3 치환반응

치환반응은 반응물 분자 내 일부 원자가 다른 종류의 원자로 바뀌는 화학반응이다.

$$C_6H_5Br\,(l) + \frac{1}{2}Cl_2\,(g) \rightarrow C_6H_5Cl\,(l) + \frac{1}{2}Br_2\,(g) \qquad \text{식(12-5)}$$

$$C_2H_6\,(g) + F_2\,(g) \rightarrow C_2H_4F_2\,(g) + H_2\,(g) \qquad \text{식(12-6)}$$

12-1-4 상호교환반응

상호교환반응은 서로 다른 두 반응물 사이에서 원자 또는 원자단(atomic group)을 교환하여 생성물을 형성하는 화학반응이다.

$$CH_3COOH\,(s) + Na_2SO_4\,(s) \rightarrow CH_3COONa\,(s) + NaHSO_4\,(s) \qquad \text{식(12-7)}$$

$$C_2H_6\,(g) + Cl_2\,(g) \rightarrow C_2H_5Cl\,(g) + HCl\,(g) \qquad \text{식(12-8)}$$

12-1-5 중합반응

중합반응은 분자량 10,000 이상의 거대분자를 생성시키는 화학반응으로서 분자량이 작은 단량체(monomer)들을 있는 그대로 직접 연결하거나(부가중합)[169] 또는 물 분자의 제거를 통해 연결시키는(축중합)[170] 두 가지 방법으로 진행한다. 에틸렌(ethylene)으로부터 폴리에틸렌(polyethylene, PE)을 중합하는 과정은 부가중합이며, 헥사메틸렌다이아민(hexamethylenediamine)과 아디프산(adipic acid)로부터 나일론6,6를 제조하는 과정은 전형적인 축중합이다. 이런 대표적인 두 형태 이외도 나일론6와 같이 단량체 분자의 분자고리를 열어서 연결하는(개환중합)[171] 방법도 있다.

$$\underset{\text{에틸렌}}{n\,(H_2C=CH_2)} \rightarrow \underset{\text{폴리에틸렌}}{-(H_2C-CH_2)_n-} \qquad \text{식(12-9)}$$

$$\underset{\text{헥사메틸렌다이아민}}{n\,H_2N(CH_2)_6NH_2} + \underset{\text{아디프산}}{n\,HOOC(CH_2)_4COOH}$$

$$\rightarrow \underset{\text{나일론6,6}}{-[H_2N(CH_2)_6NHCO(CH_2)_4COOH]_n-} + n\,H_2O \qquad \text{식(12-10)}$$

12-2 반응의 진행

화학반응의 속도는 평형상태에 도달할 때까지의 시간을 통해 알 수 있으며 그 시간이 짧을수록 빠르다. 반응의 속도는 반응 초기에 가장 빠르고 평형상태에 가까워질수록 느려진다. 화학반응의 진행이 매우 느리거나 잘 되지 않는 경우에는 빠른 진행을 위해 반응온도를 높여주거나 촉매를 넣기도 한다. 이 장에서는 화학반응의 속도를 규정하고 반응속도에 영향을 주는 요소들에 대해 알아보고자 한다.

169) addition polymerization
170) condensation polymerization
171) ring opening polymerization

12-2-1 속도법칙과 속도상수

화학반응의 속도(reaction rate)는 시간의 변화에 대한 반응물질의 감소량 또는 생성물질의 증가량으로 표현할 수 있다.

$$\text{반응속도}(Rx.rate) = -\frac{d[\text{반응물}]}{dt} = \frac{d[\text{생성물}]}{dt} \qquad \text{식(12-11)}$$

또한 화학반응의 속도는 반응물의 농도에 따라 달라진다. 만약 반응물의 초기 농도가 상대적으로 크다면 반응속도도 상대적으로 더 빨라진다. 다만 반응속도의 변화가 반응물 농도에 어떤 관계로 의존되어 있는지는 반응물의 종류에 따라 차이가 있다.

$$\text{반응속도}(Rx.rate) = k[\text{반응물}]^n \qquad \text{식(12-12)}$$

위 식(12-12)의 표현을 속도법칙(rate law)이라고 하며 화학반응의 속도는 반응물 농도에 비례한다는 것이다. 여기서 비례상수 k는 속도상수(rate constant)이고 동일한 농도의 경우 그 값이 클수록 반응속도도 커진다. 또한 반응물 농도항의 지수로 나타낸 n은 반응차수(reaction order)이며 화학반응의 속도가 반응물 농도 변화에 얼마나 민감한가를 나타내는 척도이다. 반응차수는 그 값이 클수록 반응물 농도 변화에 대한 반응속도의 변화도 더 커지게 된다. 반응물 농도가 두 배가 될 경우를 가정할 때 반응차수가 1차이면 반응속도도 두 배로 빨라지나 반응차수가 2차이면 반응속도는 네 배가 된다. 속도상수(k)는 고전속도이론이라 불리는 아레니우스(Arrhenius)식으로 정의된다.

$$\text{Arrhenius식} : k = A \cdot e^{-E_a/R \cdot T} \qquad \text{식(12-13)}$$

여기서, A는 빈도인자(frequency factor)이며 반응물들 사이의 충돌빈도(collision frequency)를 의미하는 항이다. 이 값을 크게 하는 방법으로는 분자들의 운동에너지를 높이기 위해 반응온도를 높이거나 반응물의 농도를 증가시키거나 물리적으로 저어주는(stirring) 방법 등이 있다. 또한 E_a는 활성화에너지(activation energy)로서 반응물이 생성물로 변화하는 반응경로 상에서 반드시 넘어야 할 에너지장벽(energy barrier)이다. 또한 R은 기체상수이고 T는 절대온도이다.

화학반응의 진행이 흡열반응(endothermic reaction)이든 발열반응(exothermic reaction)이든 반응의 진행에는 활성화에너지가 반드시 필요하다. 따라서 활성화에너지가 클수록 반응의 진행이 어려우므로 이를 낮추기 위해 촉매(catalyst)를 넣어준다.

결국 아레니우스(Arrhenius)식의 의미는 화학반응의 속도를 증가시키기 위해서는[172] 온도를 높여주고, 반응물의 농도를 증가시키며, 저어주고, 촉매를 넣어주어야 함을 보여준다. 촉매는 화학반응에서 생성물의 성분으로 포함되는 것은 아니나 유일한 역할이 활성화에너지의 크기를 낮추는 것이다.

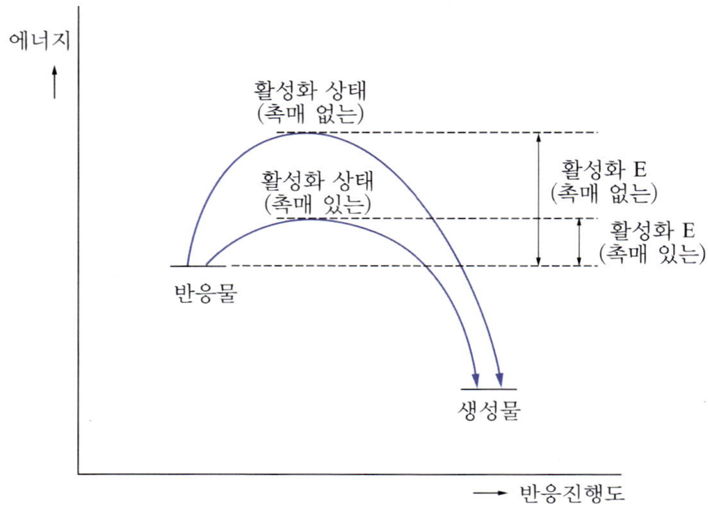

그림 12-1 반응의 진행과 에너지 변화

촉매들 중 반응물의 상과 동일한 것은 균일촉매(homogeneous catalyst)이며 같지 않으면 불균일촉매(heterogeneous catalyst)이다. 화학반응에는 많은 종류의 촉매가 사용되지만 그 중에서도 큰 촉매작용(catalysis)으로 널리 알려진 것들이 있다. 예로서 하버법(Haber process)[173]이라고 불리는 공기 중 질소 기체를 수소 기체와 반응시켜 암모니아 기체를 합성하는 방법에서 사용하는 철(Fe) 촉매, 프리델－크래프츠(Friedel-Crafts)반응으로 불리는 할로젠화방향족화합물(aromatic compound)의 알킬화(alkylation)[174] 및 아실화(acylation)반응[175]의 염화알루미늄($AlCl_3$)촉매, 올레핀(olefin)[176] 중합반응의 지글러－나타(Ziegler-Natha)촉매[177] 등이 있다. 특히 액체나 기체 반응물에 고체 촉매를 사

172) 속도상수(k)가 커지기 위해서는
173) 하버－보쉬법(Haber-Boach process)이라고도 한다. 하버의 연구결과를 보쉬가 산업공정화 함.
174) 알킬기(alkyl group, $-C_nH_{2n+1}$) 부가반응
175) 아실기(acyl group, －OCR) 부가반응
176) 에틸렌(C_2H_4) 또는 프로필렌(C_3H_6)을 가리키는 말

용하는 촉매반응을 접촉반응(contact catalysis)이라 하는데, 이런 촉매반응에서 촉매의 비표면적(specific surface area)[178]과 온도 및 기계적 강도를 높여줌으로써 촉매효과를 증가시키는 촉매 지지체(supporter)를 담체(carrier)라고 한다. 담체 물질로는 실리카(silica, SiO_2), 알루미나(alumina, Al_2O_3), 제올라이트(zeolite)[179] 류의 규산염(aluminosilicate) 등이 대표적이다.

그 밖에 인체 내 여러 형태의 생화학반응에서도 다양한 촉매작용들이 있으며 소화효enzyme)들이 촉매의 역할을 하는 것을 예로 들 수 있다. 대표적인 효소작용으로는 전분(starch)을 이당류(disaccharide)인 엿당(maltose)으로 분해하는 아밀라아제(amylase), 엿당을 단당류(monosaccharide)인 포도당(glucose)으로 분해하는 말타아제(maltase), 당(sugar)을 알코올로 바꾸는 지마아제(zymase), 지방(fat)을 지방산(fatty acid)과 글리세린(glycerin)으로 분해하는 리파아제(lipase), 단백질 분자 내 펩티드결합[180]을 깨뜨려 단백질을 더 작은 단위인 펩톤(peptone)이나 아미노산(amino acid)으로 가수분해하는 펩티다아제(peptidase)[181] 등이 있다.

12-2-2 반감기

화학반응의 속도는 일반적으로 초기에는 빠르고 시간의 경과에 따라 점차 느려진다. 그리고 반응물이 생성물로 바뀌는 과정에서 그 양이 절반으로 줄어들 때까지 걸린 시간을 반감기(half life, $t_{0.5}$)라고 한다. 반감기는 짧을수록 화학반응의 속도도 상대적으로 크다. 다만 반감기는 반응차수와 직접적으로 연관되어 있어서 반감기와 속도상수와의 관계도 반응차수에 따라 달라진다. 반응차수가 1차인 경우의 반감기는 속도상수와 다음의 관계가 있다.

$$t_{0.5} = -\frac{\ln 0.5}{k} \qquad \text{식(12-14)}$$

177) 촉매의 성분은 $Al(C_2H_5)_3 - TiCl_{3\sim4}$, 이성분 복합금속계 촉매

178) 단위 무게에 대한 표면적의 크기

179) 대표적인 다공성 규산염 광물로서 비석이라고 한다.

180) O=C와 N−H가 단일결합으로 연결된 결합. 카복실기(COOH)와 아미노기(NH_2)의 축합으로 생성

181) 펩티데이스 또는 프로테아제(protease)라고도 한다.

예제 12-1) 1차 반응의 화학반응에서 속도상수가 0.3 s^{-1}이다. 반감기는 몇 초인가? (소수점 아래 둘째자리까지 표기)

풀이) 식(12-14)를 이용하면

$$\begin{aligned} t_{0.5} &= -\ln 0.5/0.3\,\mathrm{sec} \\ &= -(-0.693)/0.3\,\mathrm{sec} \\ &= 2.31\,\mathrm{sec} \end{aligned}$$

정답) 2.31초

12-2-3 반응기구

화학반응이 진행되는 과정을 반응기구(reaction mechanism)라 하며 반응경로(reaction pathway)와 중간생성물(reaction intermediate)의 형태가 제시된다. 여기에는 반응물로부터 중간생성물을 거쳐 생성물로 진행되는 구체적 과정인 단일단계반응들이 있다. 또한 반응기구와 함께 여러 개의 단일단계반응과 그 단계별 속도를 제시하면 이를 반응속도론(reaction kinetics)이라고 한다. 반응속도론에서는 전체 화학반응의 속도를 결정하는 데 있어서 가장 큰 원인을 제공한 단일단계반응을 속도결정단계(rate determinig step, rds)라고 한다.

화학반응에서는 반응물이 생성물로 바뀌는 과정에서 중간생성물 형태의 전이상태(transition state)가 존재한다. 전이상태는 화학적으로 매우 불안정하여[182] 에너지적으로도 가장 높은 상태이며, 활성화에너지를 가진 활성화된 상태이다. 예로서 수소기체와 아이오딘(I_2)으로부터 아이오딘화수소(HI)의 생성반응에 대한 반응기구를 살펴보자.

$$\begin{array}{ccccc} H_2\,(g) + I_2\,(s) & \rightarrow & \left[\begin{array}{ccc} H & \cdots & H \\ \vdots & & \vdots \\ I & \cdots & I \end{array}\right]^{\ddagger} & \rightarrow & 2\,HI\,(g) \\ H-H \quad I-I & & & & 2\,H-I \\ \text{반응물} & & \text{반응중간생성물} & & \text{생성물} \end{array} \qquad \text{식(12-15)}$$

182) 활성화된(activated), ‡로 표기.

반응중간생성물은 전이상태에서의 화학종으로서 일반적으로 반응물과 생성물의 중간적인 형태를 가진다. 또한 에너지적으로 매우 불안정하여 순간적으로 반응물로 돌아가거나 생성물로 변화하는 활성화된 복합체(activated complex)이다.

화학반응의 반응기구에는 반응경로가 연속반응(consecutive reaction)과 평행반응(parallel reaction)의 두 형태가 있다. 연속반응은 반응물로부터 생성물로 변화하는 반응경로가 한 개뿐인 반응이며 평행반응은 반응경로가 두 개 이상인 반응이다. 따라서 연속반응은 속도결정단계가 가장 느린 단일단계반응이 되고 평행반응은 가장 빠른 단일단계반응이 속도결정단계가 된다. 이것은 반응물로부터 생성물로 변하는 화학반응의 진행을 마치 두 도시 사이를 이동하는 교통수단에 비유할 수 있기 때문이다. 연속반응은 이동 교통편이 외길 철로 위의 기차와 같고 평행반응은 비행기와 자동차와 도보 등의 여러 수단을 가진 경우이다. 그러므로 철도의 경우 특정 구간에서 정체가 발생되면 전체 이동시간도 크게 느려지게 되지만 평행반응과 같이 여러 가지 이동수단이 동시에 존재한다면 비행기로 이동하는 시간으로 인해 전체 이동시간은 빠르게 결정되어버리기 때문이다.

12-3 핵화학반응

핵화학반응은 크게 핵분열반응(nuclear fission)과 핵융합반응(nuclear fusion)으로 구분한다. 핵분열반응은 원자번호가 92인 우라늄(U)이나 94인 플루토늄(Pu) 원자처럼 크고 무거운 원자들의 핵이 분열하는 반응이며 자연적 분열(spontaneous fission)과 유도적 분열(induced fission)이 있다. 자연적인 핵분열은 불안정한 핵이 안정해지는 과정으로서 방사성분열(radioactive decay)[183]이라고 한다. 그러나 유도적 분열은 인위적으로 중성자 또는 γ선(gamma ray)으로 핵을 충격하여 분열시키는 방식이다. 핵분열 시에는 붕괴 과정을 통해 방사선(radioactive ray)이 방출되며 α선(alpha ray), β선(beta ray),

183) 방사능분열이라고도 함.

γ선(gamma ray)이 대표적이다. α선은 α입자라고 불리는 헬륨(helium, He)원자핵이 양전하를 띤 것으로서 한 번의 붕괴 과정과 방출로 인해 방사성 물질은 원자번호가 2 감소하고 질량수는 4 감소하게 된다. 이에 반해 β선은 전자들의 흐름이어서 전기적으로는 음전하를 띠고 있으나 방사선 방출로 인한 질량수의 변화는 없다. β붕괴는 핵 속의 중성자 한 개가 양성자로 바뀌는 양(+)의 β붕괴와 중성자가 양성자로 바뀌면서 양전자가 방출되는 음(−)의 β붕괴가 있다. 양의 β붕괴는 질량수의 변화 없이 원자번호만 1 감소하고, 음의 β붕괴 시에는 질량수의 변화 없이 원자번호만 1 증가한다. 이같이 β붕괴는 질량수의 변화 없이 원자번호만 달라지므로 동중원소(isobar)의 생성과 관련이 있다. γ선은 전자기복사선으로서 강한 투과력을 가지나 질량과 전하를 거의 갖지 않는다.

핵융합반응은 수소 원자와 같이 크기와 질량이 작은 원자들의 핵이 서로 붙어서 더 큰 핵을 형성하는 반응이다. 핵분열반응과 핵융합반응은 그 과정에서 모두 질량결손(mass defect)이 발생하므로 $E = mc^2$이라는 아인슈타인(Einstein)의 특수상대성원리에 의해 막대한 에너지가 발생된다. 이런 에너지들은 핵분열의 경우 원자력발전 또는 원자폭탄 제조의 원리가 되었으며, 핵융합의 경우 핵융합발전이 아직은 안정적으로 이용할 수 있는 기술이 확보되지 못하여 수소폭탄과 같은 핵무기의 제조에만 적용되었다. 특히 핵발전소의 핵분열반응은 서서히 진행시켜야 하므로 중성자의 이동속도를 늦춰주는 감속재(moderator)로 물, 흑연, 베릴륨(Be)등이 사용되며, 중성자를 흡수하는 역할의 제어봉(control rod)의 성분으로는 카드뮴(Cd)과 붕소(B)를 사용한다.

방사선은 인체에 유해하므로 방사능에 관한 다양한 측정단위들이 사용되고 있다. 방사선량(radiation dose)에는 대표적으로 조사선량(exposure dose)[184], 흡수선량(absorbed dose), 유효선량(effective dose)[185] 등의 단위가 있다. 조사선량은 외부 방사선에 노출된 원자들의 이온화율을 의미하며 SI단위는 C/kg[186]이 사용되지만 관습단위로는 R (뢴트겐, Röntgen)이 있다. 1 R은 2.58×10^{-4} C/kg이다. 흡수선량은 방사선의 종류에 따라 흡수되는 특성의 차이를 고려한 방사선량이다. SI단위는 J/kg인 Gy (그레이, Gray)이고 관습단위는 0.01 Gy인 Rad (라드, radiation absorbed dose)이다. 유효선량은 실제로 인체 내 방사선의 피해를 평가하는 지표로서 이용되는데, 인체 내 조직의 종류에 따라 축적되는 방사능의 차이를 특성치(quality factor, QF)를 고려한 방사선량이다. SI단위는

184) 외부선량(external dose)이라고도 한다.
185) 흡수등가치(dose equivalent)라고도 한다.
186) Coulomb per kilogram (cpk)

Sv (Sievert, 시버트)이며 관습단위로는 rem (Röntgen equivalent man, 렘)이 있고 1 Sv는 100 rem이다.

이외도 방사능(radiation activity)의 크기를 나타내는 단위가 있으며 SI단위로는 1초에 한 개의 핵이 붕괴할 때 방출하는 방사능량[187]을 의미하는 베크렐(bacquerel, Bq)이 있고 관습단위인 퀴리(Curie, Ci)와는 1 Bq = 4.50×10^{-7} Ci의 비율이다.

표 12-1 유효선량(rem)크기과 인체 영향

rem	인체영향
25 미만	무증상
25～100	백혈구수 감소
100～200	구토, 탈모
200～300	궤양, 출혈
300～500	50% 사망
700 초과	사망

187) dps (disintegration per second) = Bq

Chapter 12 연습문제

1. 다음 중 물분자와 관련이 있는 반응으로만 구성된 것은?

   ① 축중합, 가수분해　② 축중합, 치환반응
   ③ 치환반응, 수화반응　④ 제거반응, 탈수반응

2. 다음 중 가장 유사한 형태의 반응들로 짝지은 것은?

   ① 치환반응, 중합반응　② 제거반응, 치환반응
   ③ 부가반응, 중합반응　④ 제거반응, 상호교환반응

3. 헥사메틸렌다이아민 분자 내 탄소 원자의 개수는 몇 개인가?

4. 단위 시간당 생성물 농도의 증가량이 의미하는 용어는?

5. 암모니아 합성법인 하버법에 사용되는 촉매 물질은?

   ① 철　② 구리
   ③ 카드뮴　④ 알루미늄

6. 반응차수가 3이라면 반응물 농도의 두 배 증가에 따라 속도는 몇 배가 되는가?

7. 저어주면 반응이 빨라진다는 사실은 아레니우스식의 어떤 항과 관련이 있는가?

8. 촉매와 관련이 있는 아레니우스식의 항은?

9. 1차 반응의 경우 속도상수가 두 배로 커지면 반감기는 몇 배가 되는가?

10. 동중원소의 생성과 관련이 있는 방사선의 종류는?

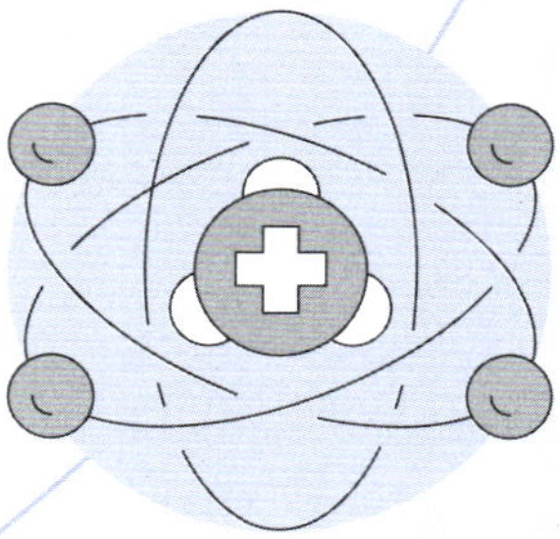

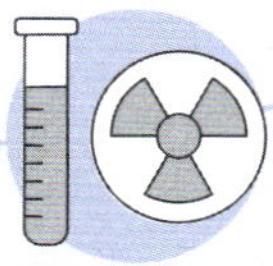

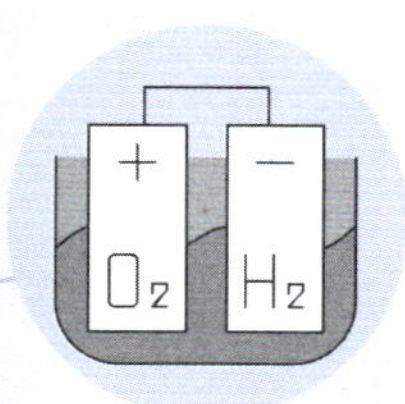

+
−
O2
H2

Chapter 13

화학반응과 에너지

13-1 에너지보존의 법칙

에너지보존의 법칙(the law of conservation of energy)은 화학반응을 통해 에너지는 스스로 생겨나거나 없어지지 않는다는 것이다. 즉, 반응의 시작과 반응의 종결 시 각각의 에너지 총량은 동일하다는 의미이다. 그러나 반응물이 가진 에너지 총량과 생성물이 가진 에너지 총량이 동일하다는 것은 아니다. 그것은 반응의 진행과정에서 반응계와 외부 사이에 반응열의 이동이 있기 때문이다. 결국 반응열과 반응계의 에너지를 합하면 생성계의 에너지와 같다는 것이 에너지보존의 법칙이다. 마치 뜨거운 물체가 시간의 경과에 따라 차가워지는 것은 에너지가 없어진 것이 아니라 주변 공기 중 어딘가에 그 에너지가 존재한다는 의미이다.

13-2 계

계(system)는 관찰과 사고의 대상으로서 경계(boundary)로 구분된 내부영역을 가리킨다. 계의 바깥은 주위(surrounding)이며 우주는 계와 경계와 주위로 구성되어 있다고 표현할 수 있다. 화학적 계의 예로서는 반응계와 열기관 등이 대표적이다. 계는 열린계(open system), 닫힌계(closed system), 고립계(isolated system)로 구분할 수 있다. 열린계는 물질(material)과 에너지가 경계를 통해 계와 주위를 서로 자유롭게 이동할 수 있는 계이며 엄격한 관점으로는 계로서의 의미가 약하다. 닫힌계는 경계를 통해 에너지의 이동은 가능하지만 물질의 이동은 불가능한 계이다. 실제적 예로서는 즉석에서 데워 먹는 레토르트(retort) 식품을 들 수 있으며 계의 가장 일반적인 형태이다. 고립계는 경계를 통해 물질과 에너지가 모두 이동할 수 없는 계이며 현실적으로는 존재할 수 없고 이론적이며 가상적인 계라 할 수 있다.

13-3 열용량과 비열

물체나 계에 열을 주면 제공한 열량에 비례하여 온도가 올라간다. 그러나 온도의 상승폭은 동일하지 않고 물질이 가진 고유한 특성으로 인해 종류에 따른 차이를 나타낸다. 이 고유한 특성이 열용량(heat capacity, C)이며 물체의 온도를 1℃ 올리는데 필요한 열량의 크기로 정의한다. 그러나 물체 1 g을 1℃ 올리는데 필요한 열량은 비열(specific heat)이라고 한다. 따라서 물질 1 g 당 열용량은 비열이며 물질 1 mol 당 열용량은 몰열용량(molar heat capacity)이다. 열용량은 열을 저장하는 능력을 의미하므로 그 값이 클수록 외부로부터 제공되는 열량에 대해 물체의 온도가 쉽게 변하지 않는다. 물체의 열용량이 크다는 것은 물체를 구성하고 있는 분자들의 특성이 다른 분자들과 다르다는 것이다. 이는 다른 분자들에 비해 분자운동에너지의 크기가 상대적으로 크다는 의미이다. 이로 인해 외부로부터 열이 흡수되면 쉽게 열을 저장할 수 있으므로 외부적으로는 물체의 온도가 작게 올라간다. 즉, 열용량이 클수록 물체의 온도가 쉽게 올라가거나 쉽게 내려가지 않는다. 물은 열용량이 큰 대표적인 물질이며 금속은 대부분 열용량이 작다.

표 13-1 물질의 비열(25℃)

물 질	비열(J/g · ℃)
물(H_2O)	4.18
메테인(CH_4)	2.20
질소(N_2)	1.04
알루미늄(Al)	0.90
철(Fe)	0.45
수은(Hg)	0.14

13-4 열전달

물체 사이에서 열이 전달되는 현상인 열전달(heat transfer)은 전도(conduction), 대류(convection), 복사(radiation)의 세 가지 형태이다. 전도열전달은 두 물체 간 접촉에 의해 열이 전달되는 방식이며 그 속도는 두 물체 사이의 온도 차이와 접촉 면적의 크기에 비례한다. 대류열전달은 유체의 부력(buoyancy)에 의해 아래쪽 열이 위쪽으로 전달되는 형태이다. 열전달 속도는 전도의 경우와 마찬가지로 접촉면의 크기와 두 물체 사이의 온도차에 비례하지만 유체의 흐름이 층류(laminar flow)인지 난류(turbulent flow)인지에 따라 차이가 있으며 두 유체의 경계면(bouadary layer)의 특성에도 영향을 받는다.

복사열전달은 전자기복사선에 의해 열이 전달되는 형태로서 두 물체 사이에는 어떠한 물리적 접촉도 없다. 대표적인 예는 태양열이 지구에 도달되는 것이나 또는 모닥불 주변에서 열기를 느낄 수 있는 것을 들 수 있다. 복사열전달의 속도는 두 물체 사이의 온도 차이의 네제곱과 열수용체의 면적에 비례한다. 또한 열수용체의 표면 형상도 영향을 준다. 이는 지구의 표면이 태양에 대해 어떤 각도로 위치하는가에 따라 계절의 변화가 발생하는 원리와 같다. 특히 비례상수라 할 수 있는 스테판-볼츠만 상수(Stefan-Boltzmann constant)는 $5.67 \times 10^{-8}\ \mathrm{J/m^2 \cdot sec \cdot K^4}$이다. 단위 시간당 복사열량의 크기를 q라고 하면 이를 다음의 관계식으로 나타낼 수 있다.

$$q\ (\text{복사열전달 속도}) = \sigma \cdot A \cdot F \cdot T^4 \qquad \text{식(13-1)}$$

위 식에서 σ는 스테판-볼츠만 상수, A는 열수용체의 표면적, F는 열수용체의 표면형상계수(surface configuration factor), 그리고 T는 고온체의 절대온도 네제곱에서 저온체의 절대온도 네제곱을 뺀 값이다. 그리고 모든 물체로부터 방출되는 복사선의 에너지는 온도에 비례한다는 것이 Wien의 전이법칙(displacement law)이며 절대온도로 표현되는 복사선의 파장은 다음과 같다.

$$\lambda_{\max}(\mathrm{cm}) = \frac{0.2898}{T(\mathrm{K})} \qquad \text{식(13-2)}$$

전자기복사선의 에너지는 파장이 짧을수록 강하므로 복사선의 파장과 복사선의 에너지 세기는 서로 반비례한다.

예제 13-1) 태양의 표면온도는 6,000 K이다. 태양광복사선의 파장은 몇 μm인가? (소수점 아래 둘째 자리까지만 표기)

풀이) 식(13-2)를 이용하면

$$\lambda_{max}(\text{cm}) = \frac{0.2898}{T(\text{K})} = \frac{0.2898}{6{,}000} = 4.83 \times 10^{-5}\,\text{cm}$$

1 cm = $10^4 \mu$m 이므로, 4.83×10^{-5} cm는 0.483μm

정답) 0.48μm

13-5 반응열

화학반응은 진행과정에서 열적 변화가 있으며 외부와 열의 이동이 반드시 존재한다. 외부로부터 반응계로 열이 유입되는 경우는 흡열반응(endothermic reaction)이고 반응의 진행과정에서 발생된 열이 외부로 방출되면 발열반응(exothermic reaction)이다. 흡열반응이든지 발열반응이든지 화학반응에 동반된 열량을 반응열(heat of reaction, ΔH) 또는 반응엔탈피(enthalpy, ΔH)라고 한다. 반응열은 생성물이 가진 총 열량($H_{생}$)에서 반응물의 총 열량($H_{반}$)을 뺀 값이다.

$$\text{반응열}(\Delta H) = H_{생} - H_{반} \qquad \text{식(13-3)}$$

따라서 흡열반응의 경우는 반응물보다 생성물의 에너지가 더 크므로 반응열은 +부호를 가진다. 그러나 발열반응은 에너지 크기가 작은 생성물이 에너지가 상대적으로 더 큰 반응물을 빼주어야 하므로 반응열의 부호가 −가 된다.

반응열을 이론적으로 결정하는 방법은 표준생성엔탈피(standard enthalpy of formation, $\Delta H_f°$)를 이용하는 것과 결합엔탈피(bond enthalpy, B.E)[188]를 이용하는 두 가지이다.

표준생성엔탈피는 25℃, 1기압에서 원소들로부터 1몰(mol)의 물질이 생성되는데 필요한 반응열을 의미한다. 따라서 이 표준생성엔탈피를 사용하여 반응열을 계산하는 방법은 생성물들의 표준생성엔탈피의 합으로부터 반응물들의 표준생성엔탈피 합을 빼주는 것이다.

$$\text{반응열}(\Delta H) = \Sigma(\text{생성물의 } \Delta H_f°) - \Sigma(\text{반응물의 } \Delta H_f°) \qquad \text{식(13-4)}$$

예제 13-2) 공기 중 프로페인(propane, C_3H_8 1 mol의 연소반응의 발열량을 계산하시오(소수점 아래 첫째 자리까지만 표기).

풀이) 먼저 프로페인의 공기 중 연소반응의 화학반응식을 완성하면 다음과 같다.

$$C_3H_8\,(g) + 5O_2\,(g) \rightarrow 3CO_2\,(g) + 4H_2\,(g)$$

식(13-4)와 표 13-2를 이용하면,

$$\begin{aligned}\text{반응열}(\Delta H) &= \Sigma(\text{생성물의 } \Delta H_f°) - \Sigma(\text{반응물의 } \Delta H_f°)\\ &= [3 \times (-393.5) + 4 \times (-241.8)] - [-103.9 + (5 \times 0)]\\ &= -2043.8 \text{ kJ/mol}\end{aligned}$$

정답) −2043.8 kJ/mol

결합엔탈피(B.E)는 분자를 구성하는 모든 화학결합을 깨뜨리는데 필요한 몰(mol)당 에너지를 가리킨다. 결합엔탈피를 이용한 반응열 계산법은 다음과 같다.

$$\text{반응열}(\Delta H) = \Sigma(\text{반응물의 B.E}) - \Sigma(\text{생성물의 B.E}) \qquad \text{식(13-5)}$$

188) 결합에너지(bond energy)라고도 한다.

표 13-2 25℃에서의 표준생성엔탈피

물질	ΔH_f° (kJ/mol)	물질	ΔH_f° (kJ/mol)
Ag (s)	0	H_2O (*l*)	−285.8
AgCl (s)	−127.1	HI (g)	25.9
Al (s)	0	H_2O_2 (*l*)	−187.6
Al_2O_3 (s)	−1669.8	H_2S (g)	−20.6
C (s)	0	Fe_2O_3 (s)	−824.2
C (g)	716.682	FeO (s)	−266.3
$CaCO_3$ (s)	−1206.9	KOH (s)	−424.8
CaH_2 (s)	−186.2	KCl (s)	−436.8
CaO (s)	−635.6	$KMnO_4$ (s)	−837.2
CH_4 (g)	−74.8	$K_2Cr_2O_7$ (s)	−1403.7
C_2H_4 (g)	52.3	MgO (s)	−601.8
C_2H_6 (g)	−84.7	$MgSO_4$ (s)	−1284.9
C_3H_8 (g)	−103.9	Mg (s)	0
C_6H_6 (*l*)	49.0	$MgCO_3$ (s)	−1112.9
CaS (s)	−482.4	NO (g)	90.4
$CaCl_2$ (s)	−795.8	NO_2 (g)	33.9
$CaSO_4$ (s)	−1434.1	NH_3 (g)	−46.3
C_2H_5OH (*l*)	−277.7	N_2O (g)	81.6
CH_3OH (*l*)	−238.7	Fe (s)	0
CO (g)	−110.5	O_2 (g)	0
CO_2 (g)	−393.5	O_3 (g)	142.2
CuO (s)	−157.3	FeS (s)	−100.0
$CuCl_2$ (s)	−220.1	$NaHSO_4$ (s)	−1125.5
$CuSO_4$ (s)	−771.4	$TiCl_4$ (*l*)	−804.2
H (g)	218.2	SO_2 (g)	−296.1
H_2 (g)	0	SO_3 (g)	−395.2
H_2O (g)	−241.8	ZnO (s)	−348.0

표 13-3 25℃에서의 결합엔탈피(B.E)

결합의 종류	결합에너지(kJ/mol)	결합의 종류	결합에너지(kJ/mol)
C−C	347	N=N	418
C=C	620	N≡N	941.4
C≡C	812	N−O	176
C−H	414	N=O	607
C−Cl	328	O−H	460
C−O	351	O−O	142
C=O (CO_2)	745 (799)	O=O	498.7
C≡O	1076.5	S−H	368
F−Cl	253	S=O	523
H−H	436.4	S−S	268
H−F	568.2	S=S	352
H−Br	366.1	F−F	156.9
H−Cl	431.9	Cl−Cl	242.7
H−N	393	Br−Br	192.5
N−N	193	I−I	151

예제 13-3) 공기 중 메테인(CH_4) 1 mol의 연소반응의 발열량을 계산하시오(소수점 아래 첫째 자리까지만 표기).

풀이) 먼저 메테인 연소반응의 화학반응식을 완성하면 다음과 같다.

$$CH_4\,(g) + 2O_2\,(g) \rightarrow CO_2\,(g) + 2H_2O\,(g)$$

여기서 CH_4는 4개의 C−H결합이, $2O_2$는 4개의 O=O결합이, CO_2는 2개의 C=O결합이, $2H_2O$는 4개의 O−H결합이 존재한다. 따라서 식(13-5)와 표 13-3을 이용하면,

$$\begin{aligned}\text{반응열}(\Delta H) &= \Sigma(\text{반응물의 B.E}) - \Sigma(\text{생성물의 B.E}) \\ &= (4 \times 414 + 2 \times 498.7) - (2 \times 799 + 4 \times 460) \\ &= -784.6\ \text{kJ/mol}\end{aligned}$$

정답) −784.6 kJ/mol

13-6 헤스(Hess)의 법칙

헤스의 법칙(Hess' law)은 화학반응의 반응열이 반응의 경로와 무관하게 동일하다는 것이다. 평행반응과 같이 반응경로가 두 개 이상의 경우에도 어떤 경로를 통과하든지 전체적인 반응열의 합은 같고 반응열량은 변하지 않는다는 의미이다.

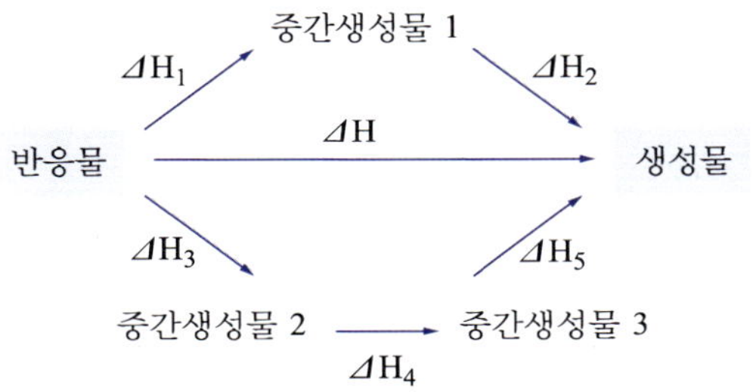

그림 13-1 평행반응과 헤스의 법칙

$$\Delta H = \Delta H_1 + \Delta H_2 = \Delta H_3 + \Delta H_4 + \Delta H_5 \quad \text{식(13-6)}$$

예로서 수소 기체와 산소 기체로부터 액체 물 분자의 생성반응을 살펴보자. 이 반응의 반응열은 $H_2O\,(l)$의 표준생성엔탈피로부터 −285.8 kJ/mol 임을 알 수 있다. 이 반응은 두 기체로부터 수증기 분자의 생성반응과 수증기 분자로부터 액체 물분자로 바뀌는 두 단계의 반응으로 나누어 진행시킨 반응열의 합과 한 단계로 진행시킨 반응의 반응열이 모두 동일하게 −285.8 kJ/mol이다.

$$H_2\,(g) + \frac{1}{2}O_2\,(g) \rightarrow H_2O\,(l) \qquad -285.8\ \text{kJ/mol} \quad \text{식(13-7)}$$

$$H_2\,(g) + \frac{1}{2}O_2\,(g) \rightarrow H_2O\,(g) \qquad -241.8\ \text{kJ/mol} \quad \text{식(13-8)}$$

$$H_2O\,(g) \rightarrow H_2O\,(l) \qquad -44\ \text{kJ/mol} \quad \text{식(13-9)}$$

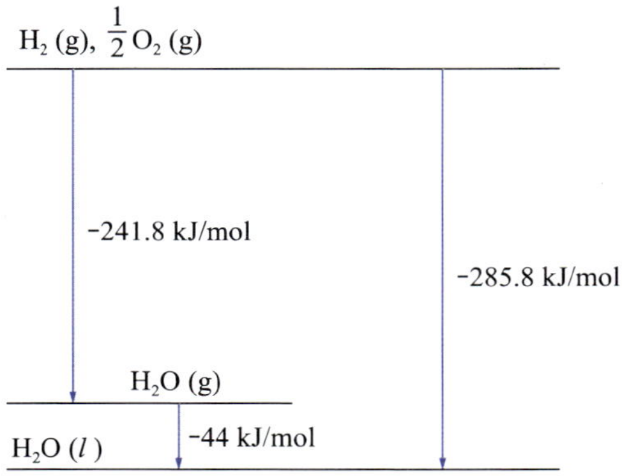

그림 13-2 물분자의 생성열과 헤스의 법칙

13-7 열역학 제1법칙

열역학은 열(heat) 에너지와 역학적 에너지인 일(work) 에너지 사이의 관계를 보여주는 법칙이다. 열역학 제1법칙(the first law of thermodynamics)은 "계에 주어진 열에너지(Q)는 계가 한 일(W)의 크기와 계의 내부에너지 변화량(ΔE)의 합과 같다"로 표현할 수 있다. 이런 표현은 에너지의 형태가 변화하는 과정에서도 그 총량은 변하지 않음을 바탕으로 하고 있어서 열역학 제1법칙의 배경에는 에너지보존의 법칙이 자리하고 있다.

열역학 제1법칙 : $Q = W + \Delta E$ 식(13-10)

즉, 내연기관인 자동차 엔진을 열역학적 계로 본다면 가솔린의 연소열은 부피 팽창으로 피스톤이 일을 하게하고 엔진의 온도도 상승시킨다. 여기서 가솔린의 연소 열량의 크기가 Q이며, 자동차 엔진의 동력이 일의 크기인 W이고 엔진이 뜨거워진 것이 내부에너지 변화량인 ΔE이다.

일(W)의 크기는 가역적인(reversible) 과정[189]과 비가역적인(irreversible) 과정[190]에

따라 달라지며 실제로는 불가능하지만 이론적으로만 가능한 가역적 일이 일의 크기가 가장 큰 최대일(maximum work, W_{max})이 된다. 내부에너지(internal energy, E)는 계를 구성하는 물질 내 분자들의 운동에너지를 합한 값이며 실제로는 물체의 온도로 나타난다. 열역학 제1법칙의 구성 요소들에 대한 계산 과정은 다음과 같다. 수식에서 T는 절대온도를, C_V는 부피가 일정할 때의 열용량[191]을, Δ는 변화량을 표현한다. 1과 2는 처음 상태와 최종상태를 상징하는데, 예로서 V_1과 T_2는 각각 계의 처음 부피와 최종 온도를 의미한다.

특히 정용열용량 C_V는 기체 분자들의 운동에너지 형태와 연관되어 있으며 그 크기를 일반적으로는 분자의 모양에 따라 기체상수 R로 표현한다(N은 분자 내 원자의 개수).

$$W_{rev} = n \cdot R \cdot T \cdot \ln\frac{V_2}{V_1} \qquad \text{식(13-11)}$$

$$W_{irr} = P_2 \cdot \Delta V = P_2 \cdot (V_2 - V_1) \qquad \text{식(13-12)}$$

$$\Delta E = C_V \cdot \Delta T = C_V \cdot (T_2 - T_1) \qquad \text{식(13-13)}$$

$$C_V\,(\text{직선형 분자}) = 2.5R + (3N-5) \cdot R \qquad \text{식(13-14)}$$

$$C_V\,(\text{비직선형 분자}) = 2.5R + (3N-6) \cdot R \qquad \text{식(13-15)}$$

열역학 제1법칙의 내부에너지 변화량 수식으로부터 화학반응의 반응열(ΔH)을 계산하는 식을 이끌어낼 수 있다. C_P는 압력이 일정할 때의 열용량[192]이며 1 몰(mol)의 경우 C_P와 C_V는 기체상수 R만큼의 차이가 있다.

$$\Delta H = C_P \cdot \Delta T = C_P \cdot (T_2 - T_1) \qquad \text{식(13-16)}$$

$$C_P - C_V = R \;\; (\text{단, 1 mol의 경우}) \qquad \text{식(13-17)}$$

189) 가역적인 일(reversible work, W_{rev}), 무한대의 단계로 나누어서 일을 진행하는 방법
190) 비가역적인 일(irrversible work, W_{irr}), 일정한 압력 하에서 진행되는 일반적인 일의 과정
191) 정용열용량이라고 한다.
192) 정압열용량이라고 한다.

예제 13-4) 27℃, 1.5 mol의 기체가 들어있는 열기관의 부피를 대기압 하에서 25 L에서 50 L로 두 배 증가시켰다. 이 때 열기관이 한 일의 크기를 가역적 일과 비가역적 일로 구분하여 각각의 크기를 밝히시오(소수점 아래 첫째 자리까지만 표기).

풀이) 먼저 식(13-11)을 이용하여 가역적 일의 크기를 계산하면,

$$\begin{aligned} W_{rev} &= n \cdot R \cdot T \cdot \ln\frac{V_2}{V_1} \\ &= (1.5\text{mol})(8.314\,\text{J/mol}\cdot\text{K})(300\,\text{K})\cdot\ln 2 \\ &\fallingdotseq 2{,}593.26\,\text{J} \end{aligned}$$

다음은 식(13-12)를 이용하여 비가역적인 일의 크기를 계산한다. 다만, 압력은 파스칼(Pa)로, 부피는 m^3으로, 모든 단위를 SI단위로 통일해야 한다($Pa \cdot m^3 = J$).

$$\begin{aligned} W_{irr} &= P_2 \cdot \Delta V \\ &= (101{,}325\,\text{Pa})(0.025\,\text{m}^3) \\ &\fallingdotseq 2533.13\,\text{J} \end{aligned}$$

정답) W_{rev}는 2,593.3 J, W_{irr}은 2,533.1 J

13-8 열역학 제2법칙

열역학 제2법칙(the second law of thermodynamics)은 열효율(heat efficiency, η)[193]에 관한 서술이다. 즉, "계에 제공한 열량의 크기(Q)에 대한 일의 크기(W)의 비율은 항상 1보다 작다"는 것이다.

$$\eta\,(\text{열효율}) = \frac{W}{Q} < 1 \qquad \text{식(13-18)}$$

193) 일효율(work efficiency)라고도 말한다.

외부로부터 계에 주어진 열량은 어떤 경우에도 100% 일 에너지로 바뀔 수 없으므로 열효율은 항상 1보다 작게 된다. 마치 자동차 엔진처럼 엔진 내 연소반응을 통해 얻어진 에너지가 엔진의 온도는 전혀 높이지 않고 전부 동력으로만 전환되는 경우는 없기 때문이다. 열역학 제2법칙의 이러한 표현은 단순히 겉으로 드러나는 자연적인 결과를 정리한 것이다. 그러나 그 결과는 저절로 진행되는 자연적 흐름에 의한 것이며 에너지의 전환과정에서도 역시 그 일정한 변화의 방향이 존재하기 때문이다. 그것은 인위적으로 억제된 조건이 아닌 모든 상황에서 자발적인 과정(spontaneous process)에서 공통적이다. 이를 정리하면 다른 방법으로 열역학 제2법칙을 서술하는 표현이 된다. 즉, “자연계에서 진행되는 모든 자발적 과정은 더욱 무질서해지는 방향으로 진행된다”는 것이다. 열역학 제2법칙에서는 중요한 개념적 함수로서 이 무질서한 정도를 엔트로피(entropy, s)라고 규정한다. 따라서 열역학 제2법칙에 관한 개념은 다양하게 표현될 수 있으며 “자발적 과정은 항상 엔트로피가 증가한다”라고 정리할 수도 있다. 무질서도(degree of disorder, randomness)는 분자들의 운동에너지 크기와 공간적 배열 등과 직접적인 관련이 있다. 또한 이것은 내부에너지의 드러남이라 할 수 있는 물체의 온도와 관련이 있다. 따라서 계의 온도는 엔트로피의 변화율[194]에 대한 외부 열량의 변화율[195]로 나타낼 수 있다.[196] 결과적으로 엔트로피가 증가하는 경우($\Delta S > 0$)는 계의 온도가 증가하거나, 부피가 커지거나, 압력이 감소하거나, 혼합되거나, 상이 더 자유스러운 상으로 바뀌는 과정이다. 이러한 상황들에서 엔트로피의 변화량(ΔS)은 다음의 수식으로 계산할 수 있다.

온도변화 시 : $\Delta S = C_V \cdot \ln \frac{T_2}{T_1}$ 식(13-19)

부피변화 시 : $\Delta S = n \cdot R \cdot \ln \frac{V_2}{V_1}$ 식(13-20)

압력변화 시 : $\Delta S = n \cdot R \cdot \ln \frac{P_1}{P_2}$ 식(13-21)

혼합 시 : $\Delta S = -n \cdot R \cdot (X_A \cdot \ln X_A + X_B \cdot \ln X_B)$ 식(13-22)

(X_A 및 X_B는 각각 A와 B의 몰분율)

194) 엔트로피의 미분치(dS)

195) 외부 열량의 미분치(dQ)

196) $T = dQ/dS$, $dS = dQ/T$

상전이 시 : $\Delta S = \frac{\Delta H}{T}$ (1 mol 시) 식(13-23)

(T는 상전이 온도, ΔH는 상전이열)

표 13-4 대기압 하에서 상전이 온도(T_f, T_b)와 상전이열(ΔH_f, ΔH_b)

화학식	T_f (K)	ΔH_f (kJ/mol)	T_b (K)	ΔH_b (kJ/mol)
Ar	83.81	1.19	87.29	6.51
H_2	3.50	0.02	4.22	0.08
N_2	63.15	0.72	77.35	5.59
O_2	54.36	0.44	90.18	6.82
H_2O	273.15	6.01	373.15	40.66
CO_2	217.0	8.33	194.6	25.23
NH_3	195.4	5.65	239.7	23.35
CH_4	90.68	0.94	111.7	8.18
C_2H_6	89.85	2.86	184.6	14.70
C_6H_6	278.61	10.59	353.2	30.8
CH_3OH	175.2	3.16	337.2	35.27
C_2H_5OH	156.0	4.60	352	43.5

예제 13-5) 1.5 mol의 기체가 들어있는 계의 부피를 두 배로 증가시켰다. 엔트로피 변화량은? (소수점 아래 첫째 자리까지만 표기)

풀이) 먼저 식(13-20)을 이용하여 계산하면,

$$\begin{aligned}\Delta S &= n \cdot R \cdot \ln\frac{V_2}{V_1} \\ &= (1.5\,\text{mol})(8.314\,\text{J/mol}\cdot\text{K})\cdot\ln 2 \\ &\fallingdotseq 8.644\,\text{J/K}\end{aligned}$$

정답) 8.6 J/K

예제 13-6) 6 g의 수소기체와 64 g의 산소기체를 혼합시켰다. 엔트로피의 변화량은? (소수점 아래 둘째 자리까지만 표기)

풀이) 먼저 수소기체와 산소기체의 몰(mol)수를 계산하면 각각 3 mol과 2 mol이다. 따라서 수소와 산소의 몰분율은 각각 3/5과 2/5이다. 이를 식(13-22)에 대입하고 계산하면,

$$\begin{aligned}\Delta S &= -n \cdot R \cdot (X_A \cdot \ln X_A + X_B \cdot \ln X_B)\\ &= -(5\,\mathrm{mol})(8.314\,\mathrm{J/mol\cdot K})(0.6\ln 0.6 + 0.4\ln 0.4)\\ &\fallingdotseq 27.976\,\mathrm{J/K}\end{aligned}$$

정답) 27.98 J/K

예제 13-7) 대기압 하 100℃에서 18 g의 물이 모두 수증기로 바뀌었다면 엔트로피의 변화량은? (소수점 아래 둘째 자리까지만 표기)

풀이) 18 g의 물은 1 mol이므로 이를 식(13-23)과 표 13-4를 이용하여 계산하면,

$$\begin{aligned}\Delta S &= \frac{\Delta H}{T}\\ &= 40{,}660\,\mathrm{J}/373.15\,\mathrm{K}\\ &\fallingdotseq 108.965\,\mathrm{J/K}\end{aligned}$$

정답) 108.97 J/K

13–9 열역학 제3법칙

열역학 제3법칙(the third law of thermodynamics)은 화학반응의 진행 용이성(facility)에 관한 법칙으로서 자유에너지(free energy) 개념으로 이를 표현한다. 자유에너지는 계의 변화 가능성과 관련된 열역학적 함수로서 압력이 일정할 때 적용되는

Gibbs자유에너지(Gibbs free energy, G)가 대표적이다. 그러나 열역학 제3법칙은 변화의 가능성이 이론적으로 전혀 없어지는 조건의 정리로 개념을 정의한다. 그것은 "절대온도 0 K에서 완전한 결정(perfect crystal)[197]의 엔트로피는 0이다"라는 것으로 열역학 제3법칙의 개념을 정의한다. 자유에너지는 반응열(ΔH)과 온도(T)와 엔트로피 변화량(ΔS)을 모두 포함한 종합적인 항이며, 그 변화량(ΔG)은 화학반응이 얼마나 잘 진행될 수 있는가를 나타내는 기준이다. 또한 이런 의미는 화학적 평형상태를 ΔG가 0인 상태로 표현하는 근거가 된다.

$$\Delta G = \Delta H - T \cdot \Delta S \text{ (정압 시)} \qquad \text{식(13-24)}$$

위 식에서 화학반응이 상대적으로 잘 진행될 수 있는 조건으로는 반응열(ΔH)이 음의 값을 갖는 발열반응이, 온도(T)는 높을수록, 엔트로피 변화량(ΔS)은 양의 값으로 클수록 좋다. 이 조건들을 만족하는 Gibbs 자유에너지의 값은 음의 값으로서 절대값이 큰 경우이다. 이런 결과는 자유에너지와 평형상수와의 관계에서도 볼 수 있다.

$$\Delta G = -R \cdot T \cdot \ln K \qquad \text{식(13-25)}$$

화학반응은 평형상수가 클수록 진행이 상대적으로 더 용이하다. 따라서 기체상수(R)와 절대온도(T)가 양의 값이므로 자유에너지 변화량(ΔG)은 음의 값으로 절대값이 클수록 화학반응의 용이성도 크다. 그러나 자유에너지 변화량(ΔG)도 반응의 몰(mol)수가 서로 다르면 반응들 사이의 반응 용이성(reaction facility)의 비교가 무의미하다. 그러므로 자유에너지 변화량을 몰(mol)수로 나눈, 단위 몰(mol)당 Gibbs자유에너지 변화량으로 서로 다른 반응들 사이의 반응 용이성을 비교한다. 이를 화학퍼텐셜(chemical potential, μ)이라고 한다.

$$\mu \text{ (화학퍼텐셜)} = \frac{\Delta G}{n} \qquad \text{식(13-26)}$$

197) 결정결함이 전혀 없는 이상적인 결정

예제 13-8) 27℃, 대기압 하에서 1몰의 기체가 들어있는 계에 1 kJ의 에너지를 제공하여 부피를 두 배로 팽창시켰다. 이 과정에서의 ΔG는? (소수점 아래 첫째 자리까지만 표기)

풀이) 먼저 식(13-20)을 이용하여 ΔS를 먼저 구한다.

$$\begin{aligned}\Delta S &= n \cdot R \cdot \ln\frac{V_2}{V_1} \\ &= (1\,\text{mol})(8.314\,\text{J/mol} \cdot \text{K}) \cdot \ln 2 \\ &\fallingdotseq 5.763\end{aligned}$$

이를 식(13-24)에 대입하여 계산하면,

$$\begin{aligned}\Delta G &= \Delta H - T \cdot \Delta S \\ &= (1{,}000\,\text{J}) - (300\,\text{K}) \cdot (5.763\,\text{J/K}) \\ &= -728.9\,\text{J}\end{aligned}$$

정답) -728.9 J

Chapter 13 연습문제

1. 비열(specific heat)의 SI단위는?

2. 체온이 37℃인 사람의 신체로부터 방출되는 복사선의 파장은 몇 cm인가? (유효숫자는 세 자리만 표기)

3. 공기 중 에테인(C_2H_6)의 연소열량은 몇 kJ인가? (표 13-2를 이용하고 소숫점 아래 첫째 자리까지만 표기)

4. 어떤 열기관에 20 kJ의 열량이 외부로부터 제공되었으며 이로 인해 증가된 내부에너지는 5 kJ이다. 열효율은?

5. 이상기체 2 mol이 들어 있는 계가 27℃에서 가역적 일로 인해 부피가 세 배로 증가하였다. 그 일의 크기는 몇 J인가?

6. 100℃ 이상기체 1 mol을 200℃로 가열하였다. 만약 정용열용량이 $3R$이라면 ΔS는?

7. 얼음 1 mol이 0℃에서 전부 물로 바뀌었다면 ΔS는?

8. 자유에너지 변화량이 음의 큰 값을 가지는 경우는 반응열이 (+값, −값)으로 큰 경우이다.

9. 이산화탄소의 정용열용량은 몇 R인가?

10. ΔS가 음의 부호를 가지는 경우는?

    ① 압력 증가 ② 온도 증가
    ③ 부피 증가 ④ 몰수 감소

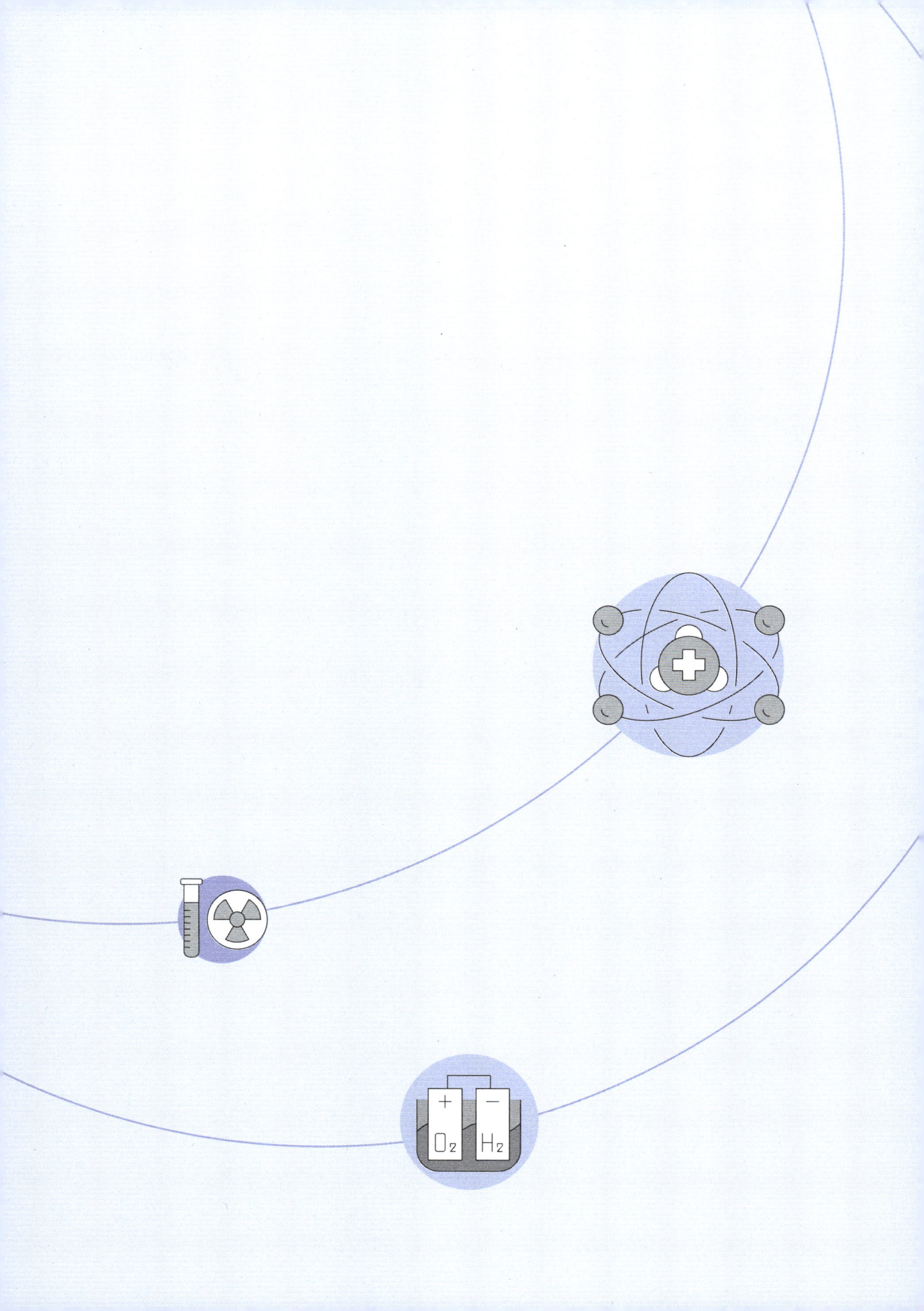
+
−
O_2
H_2

연습문제 해답

1장
2장
3장
4장
5장
6장
7장
8장
9장
10장
11장
12장
13장

제 1 장

1. 균일혼합물
2. 승화열
3. 액체(상)
4. C_6H_6
5. 6 g
6. 35℃
7. 10^7 erg (10,000,000 erg)
8. $CH_4 (g) + 2O_2 (g) \rightarrow CO_2 (g) + 2H_2O (g)$
9. C_2H_6
10. 1.370×10^2

제 2 장

1. 중성자
2. $A-Z-2$
3. A : 핵
   B : 껍질(또는 shell)
4. 전자
5. 연속스펙트럼
6. 발머(계열)
7. 2개(d_{z^2}, $d_{x^2-y^2}$)
8. $1s^2\ 2s^2\ 2p^6\ 3s^2\ 3p^6\ 4s^2\ 3d^6$
9. 7개
10. 28번(=Ni)

제3장

1. 동위원소(의 존재)
2. 전이원소(=전이금속)
3. 팔라듐(Pd) < 몰리브덴(Mo) <루비듐(Rb)
4. f궤도(함수) 또는 4f궤도(함수)
5. 핵, (원자가)전자
6. 산소(원자)
7. 알칼리금속 < 내부전이원소 < 할로젠족
8. 3개
9. 3s궤도(함수)
10. 브롬(Br)

제4장

1. 이온결합
2. 0
3. 플루오린화수소
4. 3개
5. 런던힘
6. sp^2혼성궤도
7. 109.5°
8. 정사면체 또는 *Td*
9. σ 결합
10. 반자성, 3중결합(1개의 σ 결합, 2개의 π 결합)

제5장

1. (a) 과염소산철(III), iron(III) perchlorate
   (b) 과망간산암모늄, ammonium permanganate
2. (a) 사산화이질소, dinitrogen tetroxide
   (b) 이산화황, sulfur dioxide
3. (a) 육시아노코발트(II)산 포타슘, potassium hexacyanocobalt(II)
   (b) 염화트리스에틸렌다이아민크로뮴(II), tris(ethylenediamine)chromium(II) chloride
4. (a) 1,3-펜타다이엔, 1,3-pentadiene
   (b) 2-펜틴, 2-pentyne
5. (a) 헥사플루오로벤젠 또는 육플루오린화벤젠, hexafluoro benzene
   (b) 브로모아닐린, bromo aniline
6. (a) 2차 뷰탄올, sec-butanol
   (b) 4-메틸-2-펜탄올, 4-methyl-2-pentanol
7. (a) 에틸프로필에터, ethylpropyl ether
   (b) 2-펜탄온 또는 메틸프로필케톤, 2-pentanone 또는 methylpropyl ketone
8. (a) 메탄알 또는 포름알데하이드, methanal 또는 formaldehyde
   (b) 3-메틸펜탄알, 3-methylpentanal
9. (a) 메테인산 또는 포름산, methanoic acid 또는 formic acid
   (b) 2-메틸프론판산, 2-methylpropanoic acid
10. (a) 뷰탄산메틸, methyl butanoate
    (b) 프로페인산에틸, ethyl propanoate

제 6 장

1. 2.6기압(atm)
2. 0.75기압(atm)
3. 200 kPa
4. 61.1 L
5. 8.2기압(atm)
6. 40.6 cm
7. 분자간 인력 효과
8. 516.9 m/sec
9. 248.6℃
10. 20℃

제 7 장

1. 비례
2. 424.8배
3. 위쪽
4. 다이에틸에터
5. 90
6. 사방결정, 단사결정
7. 735.1 torr
8. 2개
9. 분자간 인력
10. 17.5°, 36.9°

제8장

1. 25%
2. 0.5 N
3. 0.5 mL
4. 1.3 m
5. −0.43℃
6. 3
7. 동종분자간 인력
8. 낮을수록
9. 8.43×10^{-6}
10. 불포화용액

제9장

1. 균일평형
2. 반응 초기
3. 평형상태
4. 5
5. 역반응
6. ① 반응시간의 변화
7. ③ 감소한다.
8. ③ 발열반응의 냉각
9. ④ 평형상수의 증가
10. 생성물, 역반응

제 10 장

1. 루이스개념
2. 있다
3. 산성
4. 11
5. H_2
6. 염기성
7. 0.05 N
8. 아니오
9. pH $>$ 8.13
10. 5.17 $<$ pH $\leq$ 12.45

제 11 장

1. 내려간다.
2. a) 0 b) +2
   c) −4 d) +7
3. $Cr_2O_7^{2-}$ (aq.) + $6Cl^-$ (aq.) + $14H^+$ (aq.)
   → $2Cr^{3+}$ (aq.) + $3Cl_2$ (g) + $7H_2O$ (l)
4. ④ Mg
5. 2.73 V
6. $6ClO^-$ (aq.) + $2Cr(OH)_3$ (s) → $3Cl_2$ (g) + $2CrO_4^{2-}$ (aq.)
7. 2.06 V
8. 산화전극
9. +2 (2 증가)
10. $PbSO_4$

제 12 장

1. ① 축중합, 가수분해
2. ③ 부가반응, 중합반응
3. 6개
4. 반응속도
5. ① 철
6. 8배
7. 빈도인자(A)
8. 활성화에너지(E_a)
9. 0.5배
10. β선

제 13 장

1. J/g・K
2. 9.35×10^{-4} cm
3. -2855.4 kJ
4. 0.75
5. 5,480.3 J
6. 5.92 J/K
7. 22.0 J/K
8. $-$값
9. $6.5R$
10. ① 압력 증가

<가>

<나>

<사>

〈아〉

<자>

〈차〉

〈카〉

〈타〉

〈파〉

〈B〉

〈C〉

〈D〉

〈E〉

〈F〉

〈G〉

〈H〉

〈I〉

〈J〉

〈S〉

〈T〉

<U>

<V>

<W>

<X>

<Z>

저자: **김 명 철**

- 1983 경북대학교 공업화학과 졸업(공학사)
- 1985 경북대학교 대학원 공업화학과 졸업(공학석사)
- 1988 경북대학교 대학원 공업화학과 박사과정 졸업(공학박사)
- 2001.1~2002.1 Univ. of Florida 화학과 방문교수
- 1991~현재 경일대학교 소방방재학과 교수

기초 일반화학 정가 22,000원

발 행 2022년 9월 1일 초판 1쇄
저 자 김명철
발행인 정우용
발행처 도서출판 **동화기술**
경기도 파주시 광인사길 201(문발동, 파주출판도시)
Tel (031)955-4211~6 donghwapub@nate.com
Fax (031)955-4217 www.donghwapub.co.kr
(등록) 1977년 12월 19일/9-16호

ISBN 978-89-425-9354-5